最诱人的家常菜
烹饪宝典

甘智荣　主编

图书在版编目（ＣＩＰ）数据

最诱人的家常菜烹饪宝典 / 甘智荣主编. -- 长春：
吉林科学技术出版社，2015.2
ISBN 978-7-5384-8700-8

Ⅰ．①最… Ⅱ．①甘… Ⅲ．①家常菜肴－菜谱 Ⅳ.
① TS972.12

中国版本图书馆 CIP 数据核字（2014）第 302044 号

最诱人的家常菜烹饪宝典

Zuiyouren De Jiachangcai Pengren Baodian

主　　编　甘智荣
出 版 人　李　梁
责任编辑　李红梅
策划编辑　吴文琴
封面设计　闵智玺
版式设计　谢丹丹
开　　本　723mm×1020mm　1/16
字　　数　200千字
印　　张　15
印　　数　10000册
版　　次　2015年2月第1版
印　　次　2015年2月第1次印刷

出　　版　吉林科学技术出版社
发　　行　吉林科学技术出版社
地　　址　长春市人民大街4646号
邮　　编　130021
发行部电话/传真　0431-85635177　85651759　85651628
　　　　　　　　　　　　　85677817　85600611　85670016
储运部电话　0431-84612872
编辑部电话　0431-86037576
网　　址　www.jlstp.net
印　　刷　深圳市雅佳图印刷有限公司

书　　号　ISBN　978-7-5384-8700-8
定　　价　29.80元

前言 PREFACE

常言道"最甜还是家常菜，最美还是粗布衣"，简简单单的一句话，道出了许多人的心声。其实，我们孜孜以求的幸福就蕴藏在平凡的柴米油盐中，幸福就是那盘看似平常但却无比诱人的家常滋味。

所谓家常菜，指的是人们平日常用的饮馔品种。我们的日常饮食，多是以家庭为单位，家常菜的原料也不会是什么山珍海味，大多是就地取材，平淡无奇，多为常见的干鲜果蔬、禽畜肉蛋、鱼虾蟹贝，但所制作出来的却是诸如酸辣土豆丝、西红柿炒鸡蛋，这些很好吃、很诱人的菜式，这种享受所带来的不仅是味蕾的享受，还是家庭亲情的升华，更是万家灯火的幸福安康。

现在，很多人认为食材越贵，营养越丰富，其实这种"只求最贵不求最好"的饮食观念是不正确的。须知食物的价值不在于贵贱，关键要看营养高不高。家常菜的食材虽然平常，但是它的营养价值却不逊很多山珍海味。韭菜炒猪肝、蘑菇番茄汤这种平民菜肴，只要烹饪得当，原料搭配科学，照样有不俗的养生作用。

当然，"家常"还有着不拘一格、灵活多变的特点，讲究吃的人通常不会让菜式午晚相同，日日不变。在简而不奢的生活原则下，既要顾到家人的口味，又要考虑到菜品的搭配、菜式的变化，的确不是一件容易的事情。

本书就是一本为现代家庭量身定做的家常菜谱，让您在家即可享受美味佳肴。本书涵盖了包括蔬菜、菌豆、畜肉、禽蛋、水产在内的多种家常菜肴，每个部分都向大家介绍一些烹饪小知识或小窍门，内容深入浅出，菜例制作详略得当，烹饪技法易于掌握，让您无需多花时间，便可迅速将美味菜式摆上自家餐桌。

更值得一提的是，每一道菜都附有二维码，通过扫描二维码可以直接观赏做菜视频，真正做到全程手把手教学，让你把家常菜做得诱人，吃得健康。

全书以简洁明了的编排模式，为我们带来实用易学的烹饪技巧，还带来了全新的视觉享受。编者衷心希望，本书能教给读者全面而实用的家常菜烹饪知识和技能。另外，本书在编撰的过程中难免出现纰漏，欢迎广大读者提出宝贵意见。

CONTENTS 目录

 Part 1 家常菜烹饪常识

家常调料使用误区......002

油......002

盐......002

家常烹调蔬菜怎样更养生......003

蔬菜应现处理现炒......003

蔬菜不要先切后洗......003

蔬菜切大块营养保存最好......003

烧好的菜应马上吃......003

锁住肉类营养，烹调时有秘诀......004

肉块要切得大些......004

不要用旺火猛煮......004

肉类焖吃营养最高......004

肉类食品和蒜一起烹饪更有营养......004

食用海鲜的注意事项......005

海鲜不能与哪些食物同食......005

哪些人不宜吃海鲜......005

家常菜的烹饪技巧......006

青菜保持嫩绿的诀窍......006

轻松玩转鸡蛋的各类做法......006

把肉烹煮得更鲜嫩的方法......006

做鱼技巧三则......007

切肉的技巧......007

不可不知的家常菜烹饪禁忌......008

盐不宜过早放入......008

炖肉不宜中途加冷水......008

未煮透的黄豆不宜吃......008

炒鸡蛋不宜放味精......008

反复炸过的油不宜食用......008

铝、铁炊具不宜混合......008

家常菜安全吃......009

挑选环节......009

烹前环节......009

厨房环节......010

烹饪环节......010

Part 2 清新爽口的蔬菜佳肴

醋熘白菜 ………………… 012

糖醋辣白菜 ……………… 013

金钩白菜 ………………… 013

豆腐皮枸杞炒包菜 ……… 014

炝拌包菜 ………………… 014

胡萝卜丝炒包菜 ………… 015

醋熘紫甘蓝 ……………… 016

香菇扒生菜 ……………… 017

上海青扒鲜蘑 …………… 018

木耳炒上海青 …………… 018

腰果炒空心菜 …………… 019

蒜蓉菠菜 ………………… 020

胡萝卜炒菠菜 …………… 021

辣拌芹菜 ………………… 022

芹菜香干 ………………… 022

醋拌芹菜 ………………… 023

蒜苗炒口蘑 ……………… 024

南瓜香菇炒韭菜 ………… 025

椰香西蓝花 ……………… 026

干煸花菜 ………………… 026

糖醋花菜 ………………… 027

清炒椒丝 ………………… 028

擂辣椒 …………………… 029

豆瓣茄子 ………………… 030

彩椒茄子 ………………… 030

蒜泥蒸茄子 ……………… 031

红烧白萝卜 ……………… 032

川味烧萝卜 ……………… 033

白菜梗拌胡萝卜丝 ……… 034

胡萝卜凉薯片 …………… 035

胡萝卜炒杏鲍菇 ………… 035

西红柿炒扁豆 …………… 036

西红柿烧茄子 …………… 037

酸辣炒土豆丝 …………… 038

干煸土豆条 ……………… 039

青椒炒土豆丝 …………… 039

豉香山药条 ……………… 040

番茄炒山药 ……………… 041

茄汁香芋 ………………… 042

麻辣小芋头 ……………… 042

粉蒸芋头 ………………… 043

豌豆炒玉米 ……………… 044

莲子松仁玉米 …………… 045

辣油藕片 ………………… 046

干煸藕条 ………………… 046

糖醋藕片 ………………… 047

洋葱炒豆腐皮 …………… 048

红酒焖洋葱 ……………… 049

剁椒冬笋 ………………… 050

香菇炒冬笋 ……………… 050

油辣冬笋尖 ……………… 051

葱椒莴笋 ………………… 052

凉拌莴笋··············053
丝瓜烧花菜············054
湘味蒸丝瓜············055
醋熘黄瓜··············056
川辣黄瓜··············056
黄瓜蒜片··············057

西红柿炒冬瓜··········058
冬瓜烧香菇············059
蜜枣蒸南瓜············060
土豆炖南瓜············060
蒜香蒸南瓜············061
豆豉炒苦瓜············062

Part 3 营养美味的菌豆佳肴

红薯烧口蘑············064
菠菜炒香菇············065
香菇豌豆炒笋丁········066
栗焖香菇··············066
枸杞芹菜炒香菇········067
鱼香金针菇············068
菠菜拌金针菇··········069
平菇炒荷兰豆··········070
草菇扒芥菜············071
胡萝卜炒木耳··········072
小炒黑木耳丝··········073
芝麻拌黑木耳··········073

芹菜炒黄豆············074
豌豆炒口蘑············075
干煸豆角··············076
川香豆角··············077
豆角烧茄子············077
酱焖四季豆············078
椒麻四季豆············079
胡萝卜炒豆芽··········080
甜椒炒绿豆芽··········081
醋香黄豆芽············081
姜汁芥蓝烧豆腐········082
口蘑焖豆腐············083
家常豆豉烧豆腐········084
宫保豆腐··············085
可乐豆腐··············085
扁豆丝炒豆腐干········086
豆腐干炒苦瓜··········087
红油腐竹··············088
豉汁蒸腐竹············088

彩椒拌腐竹 …………………… 089
凉拌卤豆腐皮 ………………… 090
豌豆苗炒豆皮丝 ……………… 091
黄瓜拌豆皮 …………………… 092

Part 4 唇齿留香的畜肉佳肴

白菜梗炒猪头肉 ……………… 094
肉末干煸四季豆 ……………… 095
酱汁狮子头 …………………… 095
莲藕海带烧肉 ………………… 096
梅干菜卤肉 …………………… 097
肉末豆角 ……………………… 098
南瓜炒卤肉 …………………… 099
香芋粉蒸肉 …………………… 099
手撕包菜腊肉 ………………… 100
葱爆肉片 ……………………… 101
黄瓜炒腊肠 …………………… 102
咸鱼红烧肉 …………………… 103
干煸芹菜肉丝 ………………… 103
腊肉炒葱椒 …………………… 104
酱爆肉丁 ……………………… 105
可乐排骨 ……………………… 106
南瓜烧排骨 …………………… 107
海带冬瓜烧排骨 ……………… 107
干煸麻辣排骨 ………………… 108
豆瓣酱蒸排骨 ………………… 109
豆瓣排骨 ……………………… 110
双椒排骨 ……………………… 111

玉米烧排骨 …………………… 111
芝麻辣味炒排骨 ……………… 112
番茄烧排骨 …………………… 113
可乐猪蹄 ……………………… 114
香菇炖猪蹄 …………………… 114
酱烧猪蹄 ……………………… 115
花生煲猪尾 …………………… 116
红烧猪尾 ……………………… 117
葱香猪耳朵 …………………… 118
酸豆角炒猪耳 ………………… 119
泡椒爆猪肝 …………………… 120
酱爆猪肝 ……………………… 120
菠菜炒猪肝 …………………… 121
香菜炒猪腰 …………………… 122
彩椒炒猪腰 …………………… 123

荷兰豆炒猪肚 …………………… 124

凉拌猪肚丝 ……………………… 124

爆炒猪肚 ………………………… 125

干煸肥肠 ………………………… 126

焦炸肥肠 ………………………… 127

西红柿土豆炖牛肉 ……………… 128

西蓝花炒牛肉 …………………… 128

萝卜炖牛肉 ……………………… 129

川辣红烧牛肉 …………………… 130

粉蒸牛肉 ………………………… 131

牛肉炒鸡蛋 ……………………… 132

彩椒牛肉丝 ……………………… 133

干煸牛肉丝 ……………………… 133

米椒拌牛肚 ……………………… 134

红烧牛肚 ………………………… 135

家常牛肚 ………………………… 136

香干炒牛肚 ……………………… 137

凉拌牛百叶 ……………………… 137

烤麻辣牛筋 ……………………… 138

回锅牛筋 ………………………… 139

姜汁羊肉 ………………………… 140

松仁炒羊肉 ……………………… 141

红酒炖羊排 ……………………… 141

烤羊肉串 ………………………… 142

香菜炒羊肉 ……………………… 143

红焖兔肉 ………………………… 144

Part 5 诱人滋补的禽蛋佳肴

东安子鸡 ………………………… 146

蒜香鸡块 ………………………… 147

歌乐山辣子鸡 …………………… 147

茄汁莲藕炒鸡丁 ………………… 148

酱爆鸡丁 ………………………… 149

五彩鸡肉粒 ……………………… 150

爽口鸡肉 ………………………… 151

茄汁鸡肉丸 ……………………… 151

彩椒木耳炒鸡肉 ………………… 152

青豆烧鸡块 ……………………… 153

麻辣干炒鸡 ……………………… 154

土豆烧鸡块 ……………………… 155

香菜炒鸡丝 ……………………… 155

板栗烧鸡翅 ……………………… 156

滑嫩蒸鸡翅 ……………… 156

香辣鸡翅 …………………… 157

栗子枸杞炒鸡翅 ………… 158

酱汁鸡翅 …………………… 159

麻辣鸡爪 …………………… 160

小炒鸡爪 …………………… 161

酱鸡爪 ……………………… 161

山楂蒸鸡肝 ……………… 162

胡萝卜炒鸡肝 …………… 163

卤水鸡胗 …………………… 164

爽脆鸡胗 …………………… 165

西芹拌鸡胗 ……………… 165

泡椒炒鸭肉 ……………… 166

蒜薹炒鸭片 ……………… 167

茭白烧鸭块 ……………… 168

莴笋玉米鸭丁 …………… 169

小炒腊鸭肉 ……………… 169

彩椒黄瓜炒鸭肉 ………… 170

胡萝卜豌豆炒鸭丁 ……… 171

粉蒸鸭肉 …………………… 172

小米椒炒腊鸭 …………… 173

酸豆角炒鸭肉 …………… 173

炝拌鸭肝双花 …………… 174

鱼香荸荠鸭肝片 ………… 175

荷兰豆炒鸭胗 …………… 176

蒜薹炒鸭珍 ……………… 177

洋葱炒鸭胗 ……………… 177

红豆花生乳鸽汤 ………… 178

香菇蒸鸽子 ……………… 179

红烧鹌鹑 …………………… 180

白萝卜炖鹌鹑 …………… 181

茭白炒鸡蛋 ……………… 182

佛手瓜炒鸡蛋 …………… 182

圆椒炒鸡蛋 ……………… 183

萝卜干肉末炒鸡蛋 ……… 184

彩椒玉米炒鸡蛋 ………… 185

火腿炒鸡蛋 ……………… 186

西葫芦炒鸡蛋 …………… 186

菠菜炒鸡蛋 ……………… 187

葱花鸭蛋 …………………… 188

鸭蛋炒洋葱 ……………… 189

叉烧鹌鹑蛋 ……………… 190

鹌鹑蛋烧板栗 …………… 190

韭菜炒鹌鹑蛋 …………… 191

咸蛋肉碎蒸娃娃菜 ……… 192

咸蛋黄炒黄瓜 …………… 193

红油皮蛋拌豆腐 ………… 194

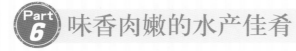

Part 6 味香肉嫩的水产佳肴

山药蒸鲫鱼 …………… 196

酱焖鲫鱼 …………… 197

葱油鲫鱼 …………… 197

蒜苗烧草鱼 …………… 198

清蒸草鱼段 …………… 199

咸菜草鱼 …………… 200

浇汁草鱼片 …………… 201

菊花草鱼 …………… 201

豆瓣酱烧鲤鱼 …………… 202

糖醋鲤鱼 …………… 203

酸菜炖鲇鱼 …………… 204

鲇鱼炖菠菜 …………… 205

红烧鲇鱼 …………… 205

鲜笋炒生鱼片 …………… 206

清蒸冬瓜生鱼片 …………… 207

清蒸开屏鲈鱼 …………… 208

豆腐烧鲈鱼 …………… 209

豉汁蒸鲈鱼 …………… 209

豆瓣酱烧带鱼 …………… 210

五香烧带鱼 …………… 211

干煸鱿鱼丝 …………… 212

蒜薹拌鱿鱼 …………… 212

炸鱿鱼圈 …………… 213

辣味芹菜鱿鱼须 …………… 214

剁椒鱿鱼丝 …………… 215

豉椒墨鱼 …………… 216

姜丝炒墨鱼须 …………… 216

沙茶墨鱼片 …………… 217

醋香黄鱼块 …………… 218

蒜烧黄鱼 …………… 219

莴笋烧泥鳅 …………… 220

蒜苗炒泥鳅 …………… 221

生蒸鳝鱼段 …………… 222

竹笋炒鳝段 …………… 223

洋葱炒鳝鱼 …………… 223

酱爆虾仁 …………… 224

蒜香大虾 …………… 224

干焖大虾 …………… 225

美味酱爆蟹 …………… 226

丝瓜炒蛤蜊 …………… 227

姜葱生蚝 …………… 228

口味螺肉 …………… 228

姜葱炒蛏子 …………… 229

山药甲鱼汤 …………… 230

Part 1

家常菜烹饪常识

　　一日三餐中，最为常见的菜肴就是家常菜了。蔬菜、菌豆、畜肉、禽蛋、水产等食材只要经过最普通的烹饪，便能成为饭桌上那一道诱人可口的佳肴。要想将这类食材成功地烹饪成一道合格的家常菜，首先就需要了解一些基本的家常菜烹饪常识。还等什么，一起来学习吧！

家常调料使用误区

在日常饮食中，油、盐是最重要的厨房调料，它们能够起到增鲜、提味的重要作用，因其方便实用，就成为了厨房的必备品。但在烹饪食物时，很多朋友"误入歧途"而不知。下面列举出一些常见的例子，供大家参考。

〔油〕

常见的食用油有很多种，然而很多人都不能做到"炒什么菜用什么油"。其实，几种油交替搭配食用，或一段时间用一种油，这样更有利于饮食健康，因为任何一种食用油都不能完全代替另一种的营养价值。一些朋友出于健康的考虑，长期只吃植物油。事实上，长期不摄入动物油的话，就会造成体内维生素及必需脂肪酸的缺乏，影响人体的健康。在一定的用量下，动物油对人体是有益的、必须的。

很多人炒菜时，习惯于等到锅里的油冒烟了才炒菜，其实高温油不但会破坏食物的营养成分，还会产生一些过氧化物和致癌物质。正确方法是先把锅烧热，再倒油，这时就可以炒菜了，不用等到油冒烟。

〔盐〕

有些家庭习惯一次性买很多包盐存着，加上往年被人为制造出的"盐荒"，让很多人有了囤盐的习惯。其实这样做并不科学。研究表明，碘盐中的碘在高温、潮湿环境下，或遇到食醋等酸性物质时，很容易挥发掉，所以，市民应该购买小包装碘盐，随吃随买，切忌存放太久，否则一次买多了容易造成浪费。有很多人认为塑料材质的容器轻便又耐用，所以不少家庭的调料罐都采用这种。然而，碘有一定的特性，碘盐最好装在有盖的棕色玻璃瓶或者瓷缸内，并存放在阴凉、干燥、远离炉火的地方，才能保证碘盐的营养不流失。

有些朋友做菜放盐不看时间，或者一律在食材下锅的时候就放盐。这样做，一来容易重复放盐，二来不能很好地把握放盐的量。另外，这样做还会造成看不见的损失。研究表明，炒菜爆锅时放碘盐，碘的食用率仅为10%；炒菜过程中放碘盐，碘的食用率可达60%；出锅时放碘盐，碘的食用率可达90%。特别是用油炒盐，也不利于健康。由此可见，放盐太早会造成碘的浪费，菜品快要出锅时加盐才是正确做法。

家常烹调蔬菜怎样更养生

蔬菜中含有许多易溶于水的营养成分，如B族维生素、维生素C及微量元素等。烹调新鲜蔬菜的第一步，就是要考虑到留住这些营养物质，不让它们随水流失。

〔蔬菜应现处理现炒〕

许多人都有一个习惯：把蔬菜买回家以后就立即整理，整理好后却要隔一段时间才烹饪。事实上包菜的外叶、莴笋的嫩叶、毛豆的荚都是鲜活的，它们的营养物质在整理前仍然在向食用部分传输，让它们保持新鲜，有利于保存蔬菜的营养物质。把蔬菜整理以后，营养物质容易丢失，烹饪出的菜品质自然下降。

〔蔬菜不要先切后洗〕

许多蔬菜，人们都习惯先切后清洗。其实，这样做是非常不科学的，因为这种做法会加速蔬菜营养素的氧化和可溶物质的流失，使蔬菜的营养价值降低。蔬菜先洗后切，维生素C可保留98.4%～100%；如果先切后洗，维生素C就会降低到73.9%～92.9%。所以正确的做法是：把叶片剥下来清洗干净后，再用刀切好，随即下锅烹炒。

〔蔬菜切大块营养保存最好〕

蔬菜不宜切得太细，过细容易丢失营养素。据研究，蔬菜切成丝后，维生素C仅保留18.4%；蔬菜切成小块，过1小时后维生素C则会损失20%。所以蔬菜切得稍大块，最有利于保存其中的营养素。有些蔬菜若可用手撕断，就尽量少用刀切。

〔烧好的菜应马上吃〕

有些人为了节省时间，喜欢提前把菜烧好，然后在锅里温着等人来齐后再吃，或者下一顿热着吃。但是蔬菜中的维生素B_1在烧好后温热的过程中，会损失25%。而蔬菜中的维生素C在烹调过程中会损失20%，溶解在菜汤中则损失25%，如果再上火温热15分钟会再损失20%，共计65%。那么我们从蔬菜中得到的维生素C就所剩不多了。

锁住肉类营养，烹调时有秘诀

肉类具有营养丰富和味道鲜美的特点，它能直接为人体补充养分，而且易于人体吸收。下面就来介绍几点，烹饪出美味肉类并留住其营养的诀窍。

〔肉块要切得大些〕

肉类内含有可溶于水的含氮物质，炖猪肉时释放出越多，肉汤的味道就越浓，而肉块的香味则会相对减淡。因此炖肉的肉块切得要适当大些，以减少肉内含氮物质的外溢，这样肉味可比小块肉鲜美。

〔不要用旺火猛煮〕

不要用旺火猛煮肉。一是肉块遇到急剧的高热时肌纤维会变硬，肉块就不易煮烂；二是肉中的芳香物质会随猛煮时的水汽蒸发掉，使香味减少。

〔肉类焖吃营养最高〕

肉类食物在烹调过程中，某些营养物质会遭到破坏。采用不同的烹调方法，其营养损失的程度也有所不同。如蛋白质，在炸的过程中损失可达8%～12%，煮和焖则损耗较少；B族维生素，在炸的过程中损失45%，煮为42%，焖为30%。由此可见，肉类在烹调过程中，焖制损失营养最少。另外，如果把肉剁成肉泥，与面粉等做成丸子或肉饼，其营养损失更是比直接炸或煮减少一半。

〔肉类食品和蒜一起烹饪更有营养〕

动物食品中含有丰富的维生素B_1，但维生素B_1并不稳定，在人体内停留的时间较短，还会随尿液大量排出。而大蒜中含特有的蒜氨酸和蒜酶，二者接触后会产生蒜素，肉中的维生素B_1和蒜素结合能生成稳定的蒜硫胺素，从而提高肉中维生素B_1的含量。不仅如此，蒜硫胺素还能延长维生素B_1在人体内的停留时间，提高其在胃肠中的吸收率和人体内的利用率。所以，吃肉时应适量吃一些蒜，既可解腥去异味，又能达到事半功倍的营养效果。

食用海鲜的注意事项

海鲜营养丰富，且有鲜美的味道和滑嫩的口感。不过，海产品内往往含有毒素和有害物质，若食用方法不当，重者还会发生食物中毒。所以，食用海产品应注意以下几点。

〔海鲜不能与哪些食物同食〕

①海鲜不能与大量维生素C同食。

虾、蟹等甲壳类海鲜品中含有一定的高浓度"五价砷"，其本身对人体无害，但在吃海鲜的同时服用大量维生素C，"五价砷"就会转化成"三价砷"，导致急性砷中毒。

②海鲜不能与寒凉食物同食。

海鲜本性寒凉，最好避免与一些寒凉的食物同食，以免导致身体不适。

③海鲜不能与啤酒搭配食用。

食用海鲜时饮用大量啤酒会产生过多的尿酸，从而引发痛风。

④海鲜不能与红葡萄酒搭配食用。

红葡萄酒与某些海鲜相搭配时，高含量的单宁会严重破坏海鲜的口味。

⑤海鲜不能与某些水果同食。

海鲜含丰富的蛋白质和钙等营养物质，如果与某些水果同吃，就会降低蛋白质的营养价值。而且水果中的某些化学成分容易与海鲜中的钙质结合，从而形成一种新的不容易消化的物质。这种物质会刺激胃肠道，引起腹痛、恶心、呕吐等症状。因此，海鲜与这些水果同吃，至少应间隔2小时。

〔哪些人不宜吃海鲜〕

①胆固醇和血脂偏高的人不宜多吃海鲜。因为很多海鲜的内脏都含有大量胆固醇。

②患有痛风、关节炎和高尿酸血症的病人应少吃海鲜。因为海鲜中嘌呤含量较高，人吃了以后容易在体内形成尿酸结晶，加重病情。

③凝血功能障碍者不易多吃海鲜。海鲜含有较多不饱和脂肪酸——二十碳五烯酸，其代谢产物为前列腺环素，具有抑制血小板凝血和止血的作用。

家常菜的烹饪技巧

在烹制家常菜的时候，掌握一些必要的技巧，操作起来会格外得心应手，还会收获更多的美味享受。

〔青菜保持嫩绿的诀窍〕

①炒青菜的用油量，稍微比其他烹饪方式多些。没有油分滋润的青菜，就像我们没有护肤品滋润的皮肤一样，没有水盈盈的感觉。

②炒青菜的火候，基本以旺火快炒为主，千万不要用中小火慢慢煮。因为小火煮食青菜会使其中的维生素大量流失。

③炒菜时，放盐很关键。有些青菜本身水分已经很足，就一定要在炒到八成熟的时候再放盐，如果早放盐，就会炒出很多水，还影响菜的颜色；有些青菜水分并不多，最好先放盐，这样在炒的过程中，会逼出青菜中的一小部分水分，更好地保护此类青菜的翠色。

〔轻松玩转鸡蛋的各类做法〕

①煎荷包蛋时，在蛋黄即将凝固时浇一点冷开水，会使蛋又黄又嫩。

②炒鸡蛋时加入几滴醋，炒出的蛋松软味香。

③煮鸡蛋时，煮5分钟后立即关火并把蛋投入凉水，这样的鸡蛋刚刚成熟，口感软嫩。而等鸡蛋彻底变凉，剥皮之前一直浸泡在水中，这样更容易剥壳。

④要想做出的蒸蛋美味可口，要记准此四忌：一忌加生水和热开水；二忌猛搅蛋液；三忌蒸前加入调味品；四忌蒸制时间过长，蒸气太大。

⑤煮鸡蛋前用冷水泡一会儿，再放入冷水锅中煮沸就不易破裂。

〔把肉烹煮得更鲜嫩的方法〕

①食用油法：炒牛肉片时，先在切好的肉片中下好调料，再加适量花生油（或豆油、棉油）拌匀，腌渍半小时后下锅，炒出的肉片金黄玉润，肉质细嫩。

②小苏打法：切好的牛肉片（丝），放入小苏打水溶液中浸一下再炒，能让肉片的纤

维变得疏松，肉质软嫩。

③芥末法：煮老牛肉时，头天晚上均匀涂一层芥末，煮前清水洗净，这样牛肉烂得快，且肉质鲜嫩。

④啤酒法：焖煮牛肉时，以啤酒代水煮之，肉嫩质鲜，香味扑鼻。

⑤白醋法：爆炒腰花时，事先将腰花中放点白醋和水，浸腌15～30分钟，腰花自然胀发，成菜后无血水，清白脆嫩。

〔做鱼技巧三则〕

①怎样识别江河鱼和湖水鱼？

江河鱼因其生活在流动着的较干净的活水中，所以鳞片薄，呈灰白色，光泽明亮。烹制出的菜肴味鲜美，略带甜味。

湖水鱼因其生活在有极厚污泥的静水湖中，所以鳞片厚，呈黑灰色。烹制出的菜肴有较浓的泥腥味。

②鲤鱼为什么要"抽筋"？

鲤鱼的身体两侧内部各有一条似白线的筋线，在烹制前要把它抽出。一是因为它的腥味重，二是它属强发性物（俗称"发物"），特别不适于一些病人食用。

抽筋时，应在鱼的一边靠鳃后处和离尾部约1寸的地方各横切一刀至脊骨为止。再用刀从尾向头平拍，使鳃后刀口内的筋头冒出，用手指尖捏住筋头一拉，便可将筋抽出。两侧的筋用同样的方法来抽。

③宰鱼碰破了苦胆怎么办？

鱼胆不但有苦味，而且有毒，经高温蒸煮也不会消除苦味和毒性。宰鱼时如果碰破了苦胆，用料酒、小苏打或发酵粉可以使胆汁溶解。因此，在沾了胆汁的鱼肉上涂些料酒、小苏打或发酵粉，再用冷水冲洗，苦味便可消除。

〔切肉的技巧〕

①切肥肉：可先将肥肉蘸点凉水，然后放在案板上，一边切一边洒凉水。这样切肥肉省力，也不会滑动，不易粘案板。

②切羊肉：羊肉中有很多膜，切丝之前应先将其剔除，否则炒熟之后肉烂膜硬，吃起来难以下咽。

③切牛肉：牛肉要横切，因为牛肉的筋腱较多，并且纤维纹路夹杂其间，如不仔细观察，随手顺着切，许多筋腱便会整条地保留在肉丝内，炒出来的牛肉丝就很难嚼动。

④切鱼肉：鱼肉要快切，因为鱼肉质细、纤维短、极易破碎。切时应将鱼皮朝下，刀口斜入，最好顺着鱼刺，切起来要干净利落。这样炒熟后形状完整。

不可不知的家常菜烹饪禁忌

炒菜时油温应控制在多少？是不是真的"油多不坏菜"？"烟熏火燎"到底对人有什么影响？看似简单的家常厨房问题，其实却关乎家人的饮食安全、健康和营养。

〔盐不宜过早放入〕

烧肉若过早放盐易使肉中的蛋白质发生凝固，使肉块缩小、肉变质硬，且不易烧烂。

〔炖肉不宜中途加冷水〕

肉中含有大量的蛋白质和脂肪，烧煮中若突然加冷水，汤汁温度骤然下降，蛋白质与脂肪即会迅速凝固，肉、骨的空隙也会骤然收缩而不会变烂。而且肉、骨本身的鲜味也会受到影响。

〔未煮透的黄豆不宜吃〕

未煮透的黄豆中的蛋白质难以消化和吸收，甚至会使人发生腹泻。而食用煮烂烧透的黄豆，则不会出问题。

〔炒鸡蛋不宜放味精〕

炒鸡蛋时没有必要再放味精，因为味精会破坏鸡蛋的天然鲜味。

〔反复炸过的油不宜食用〕

因食用油中的不饱和脂肪经过加热会产生各种有害的聚合物，此物质可使人体生长停滞，肝脏肿大。另外，此种油中的维生素及脂肪酸均遭到破坏，对人体有害。

〔铝、铁炊具不宜混合〕

如炒菜的锅是铁制的，铲子是铝制的，较软的铝铲就会很快被磨损而进入菜中，吃下过多的铝对身体是很不利的。

家常菜安全吃

民以食为天，但"病"从口入已经升级到"毒"从口入的现实摆在我们面前。那么，如何防止"毒"从口入呢？在以下的各个环节中我们都要严格把关了。

〔挑选环节〕

在挑选材料上要是出了什么差池，那么一切"毒"就从此而生。所以，在日常生活中，我们应该掌握一些挑选"好"食物的技巧。

①忌"新"！

任何时候，最安全的选择都是顺应时节瓜熟蒂落的当季蔬果，逢年过节上市的反季节蔬果，受农用化学品污染的概率要大得多，没有当季蔬果安全性高。

②忌"奇"！

和寻常模样相比明显有异样的食材，包括发育明显不正常的一些动物类食材，肯定在生长过程中遭遇过非正常的影响。例如双黄蛋很可能是鸡吃了添加有激素类成分的饲料后的产物；鱼的骨头上有异常的骨结，很可能是鱼生长的区域被污染了。食材形态上出现的异样很可能是含有不安全成分的信号，出于谨慎的原则，建议对这样的食材要整体抛弃，而不要仅仅去掉有异样的部分。

〔烹前环节〕

把烹饪食材买回来后，切洗这一步也很重要，只有经过正确的切洗，才能把食物放进锅中煮食。那么在切洗这一过程中我们要注意什么呢？

①"泡澡"比"淋浴"好。

根据科学测试，即便不用任何洗涤剂，用清水漂洗而不是冲洗，也可以清除蔬菜表面85%～90%的残留农药。因此，买来的蔬菜在去掉表面污物后，在清水中浸泡片刻（10～15分钟）再冲洗，可以将安全系数大大提高。而且，这样还可以减少洗涤剂的用量，更加环保。

②1厘米的安全区。

对食材需要进行局部"切除手术"的情况有很多，比如一些食材局部出现了变质，应该是从需要去掉的部位的外边缘起，再向外扩展1厘米的距离下刀，这样才能保证彻底地消除安全隐患。

───────── 〔厨房环节〕 ─────────

尽管我们挑选了干净的食材，在切洗环节也做好了准备，但还有一项需要注意，那就是烹饪工具的选择及其安全性能问题。

①什么锅最安全？

首选铁锅，它不仅不含其他化学物质，还可以补充人体所需的铁元素以预防缺铁性贫血。但铁锅最大的不足是容易生锈，既影响食物的色香味，又对我们的身体有害。所以，每次使用后洗净擦干不留水渍，是我们必做的事情。

②燃气安全。

烹饪中即便是天然气这种很清洁的能源，在燃烧时依然会产生一些有害健康的物质。

如果你还特别喜欢用油烹饪，就将处于更严重的危害中。这些危害将增加心脑血管和消化道病变的可能。

要对抗这些隐形杀手，安装抽油烟机实属必需，还要养成少用高热的锅来烹饪的良好习惯。同时，要定期请专业工人帮你检查和调整灶具，让气嘴和风门大小的配合达到最佳的状态。

───────── 〔烹饪环节〕 ─────────

经过重重的关卡后，不要以为可以松一口气了，在烹饪过程中，油等调味料的掌握也很重要，以下的几点只要能把握好，毒素就无法危害你了。

①油温，适中最好。

一般说来，越高油温加工的食物越不健康，不但营养成分被破坏更多，而且更容易产生对身体有害的成分。

比较健康的烹饪方法应该是尽量使用蒸、煮、炖等方式，不要过度追求那焦香的诱惑，更不要贪恋那些高温烤制的食品，将家庭食谱中食物的烹饪温度限制在200℃以下，安全自会与你如影随形。

②安从简出，尽量少使用调料。

烹调中使用的一些基础调料，在使用上一样需要仔细。不用味精、少用盐，就是在为你和家人的安全、健康加分。虽然它们可以让食物更美味，但还是少用为妙，类似的还有鸡精之类。只要我们在用料和烹饪方法方面做足工夫，不需要它们，同样可以做出美味的菜肴。

Part 2

清新爽口的蔬菜佳肴

　　常见的蔬菜有白菜、包菜、辣椒、茄子等等，它们大都含有丰富的维生素，且具有清新、爽口、养生的特点，一直是大家餐桌上特别钟爱的食材。本章将针对生活中的家常蔬菜，做出细致的剖析，让您能轻松了解每一种美味蔬菜的烹饪细节，快速烹饪出营养美味的蔬菜佳肴。

醋熘白菜

◉难易度：★ ☆ ☆ ◉功效：清热解毒

烹饪时间
Time
3分30秒

🟠 原 料

白菜200克，花椒、干辣椒、红椒片、蒜末各少许

🟤 调 料

盐2克，白糖、鸡粉各少许，陈醋10毫升，食用油适量

🍲 烹饪小提示

注入的清水不宜太多，以免减淡了菜肴的特殊风味。

✍ 做 法

① 白菜洗净对半切开，用斜刀切小块。

② 起油锅，放入花椒，小火炸香捞出，倒蒜末、干辣椒，爆香。

③ 放入红椒片、白菜梗，炒软，放入白菜叶、水，炒熟。

④ 加入盐、白糖、鸡粉、陈醋，炒至入味，盛出装盘即成。

糖醋辣白菜

◉难易度：★☆☆ ◉功效：增强免疫力

🥬 原 料

白菜150克，红椒30克，花椒、姜丝各少许

🍶 调 料

盐3克，陈醋15毫升，白糖2克，食用油适量

✍ 做 法

1.白菜洗净去根，菜梗切粗丝；红椒去籽切丝。2.碗中放入菜梗、菜叶，加盐拌匀，腌渍。3.起油锅，爆香花椒，捞出，倒入姜丝、红椒丝，炒匀装碗。4.锅底留油，加入陈醋、白糖，炒匀，倒出汁水，装碗。5.取腌好的白菜，注水洗去盐分，沥水装碗。6.倒入汁水，拌匀，撒上红椒丝和姜丝，拌入味即可。

金钩白菜

◉难易度：★☆☆ ◉功效：增强免疫力

🥬 原 料

白菜叶270克，水发香菇35克，海米少许，高汤300毫升

🍶 调 料

盐1克，鸡粉2克，料酒4毫升，老抽2毫升，蚝油15克，水淀粉、食用油各适量

✍ 做 法

1.锅中注水烧开，加入盐、食用油，放入白菜叶，大火煮至变软，捞出。2.取一盘，放入焯好的白菜叶，摆放好。3.锅置火上，倒入高汤，放入香菇、海米，大火煮沸。4.加入少许料酒、盐、鸡粉、老抽、蚝油，拌匀调味，用水淀粉勾芡。5.盛出锅中的材料，置于白菜上即可。

豆腐皮枸杞炒包菜

◎难易度：★☆☆ ◎功效：清热解毒

烹饪时间
Time
2分30秒

🥬 原 料

包菜200克，豆腐皮120克，水发香菇30克，枸杞少许

🧂 调 料

盐、鸡粉各2克，白糖3克，食用油适量

🍳 做 法

1.香菇洗净切粗丝；豆腐皮切片；包菜洗净去除硬芯，切小块。2.锅中注水烧开，倒入豆腐皮，略煮一会儿，捞出。3.起油锅，倒入香菇，炒香，放入包菜，炒至变软，倒入豆腐皮，撒上枸杞，炒匀炒透。4.加入适量盐、白糖、鸡粉，翻炒入味，盛出即可。

炝拌包菜

◎难易度：★☆☆ ◎功效：增强免疫力

🥬 原 料

包菜200克，蒜末、枸杞各少许

🧂 调 料

盐2克，鸡粉2克，生抽8毫升

🍳 做 法

1.包菜洗净去根，切小块，再撕成片。2.锅中注入适量的清水，用大火烧开，倒入切好的包菜、枸杞，拌匀，捞出焯煮好的食材。3.取一个大碗，放入焯煮好的食材，放入少许蒜末。4.加入适量盐、鸡粉、生抽，拌匀，盛入盘中即可。

烹饪时间
Time
2分钟

胡萝卜丝炒包菜

●难易度：★ ☆ ☆ ●功效：开胃消食

烹饪时间
Time
2分30秒

烹饪小提示

包菜、胡萝卜可先焯一下水，这样更易炒熟。

原 料

胡萝卜150克，包菜200克，圆椒35克

调 料

盐、鸡粉各2克，食用油适量

做 法

❶ 洗净去皮的胡萝卜、圆椒均切丝；洗净的包菜去根，切粗丝。

❷ 用油起锅，倒入胡萝卜，炒匀。

❸ 放入包菜、圆椒，炒匀，注入少许清水，炒至食材断生。

❹ 加入少许盐、鸡粉，炒匀调味，盛出炒好的菜肴即可。

醋熘紫甘蓝

◉难易度：★☆☆　◉功效：降低血压

烹饪时间
Time
1分钟

◉ **原　料**

紫甘蓝150克，彩椒40克，蒜末、葱段各少许

◉ **调　料**

盐3克，白糖3克，陈醋8毫升，水淀粉、食用油各适量

◉ **烹饪小提示**

紫甘蓝较硬，焯水的时间可适当长一些，这样可以缩短烹饪时间。

◉ **做　法**

❶ 紫甘蓝洗净切小块；彩椒洗净切小块。

❷ 锅中注水烧开，加入盐、紫甘蓝、彩椒块，煮至断生捞出。

❸ 起油锅，爆香蒜末、葱段，倒入紫甘蓝、彩椒，炒至八成熟。

❹ 加入盐、白糖、陈醋，炒匀，倒入水淀粉，炒入味即成。

做 法

❶ 生菜洗净切开；香菇洗净切小块；彩椒洗净切粗丝。

❷ 沸水锅中加入食用油、生菜，煮1分钟捞出；沸水锅中再倒入香菇，煮至六成熟后捞出。

❸ 起油锅，注水，放入香菇，加入盐、鸡粉、蚝油、生抽，炒匀，煮沸，加入老抽，炒匀。

❹ 倒入水淀粉，翻炒至汤汁收浓，关火待用。

❺ 取一个盘子，放入生菜，再盛出锅中的食材，撒上彩椒丝，摆好即成。

烹饪时间
Time
1分30秒

香菇扒生菜

◎难易度：★☆☆ ◎功效：降低血糖

原 料

生菜400克，香菇70克，彩椒50克

调 料

盐3克，鸡粉2克，蚝油6克，老抽2毫升，生抽4毫升，水淀粉、食用油各适量

烹饪小提示

焯煮生菜的时候可以适量地多放一些食用油，这样能有效去除生菜的涩味。

上海青扒鲜蘑

●难易度：★☆☆　●功效：降低血脂

原 料

上海青200克，口蘑60克

调 料

盐、鸡粉各2克，料酒8毫升，水淀粉、食用油各适量

做 法

1.口蘑洗净，对半切开；上海青洗净去老叶，对半切开。2.热锅注水烧开，放入上海青、盐、食用油，煮至断生后捞出。3.沸水锅中倒入口蘑、料酒，煮至断生，捞出。4.起油锅，倒入口蘑，淋入料酒，炒匀，注水，加盐、鸡粉、水淀粉，炒入味。5.取一盘，放入上海青，再盛出锅中的材料，摆好盘即成。

木耳炒上海青

●难易度：★☆☆　●功效：降压降糖

原 料

上海青150克，木耳40克，蒜末少许

调 料

盐3克，鸡粉2克，料酒3毫升，水淀粉、食用油各适量

做 法

1.木耳洗净切小块。2.锅中注入适量的清水，用大火烧开，放入切好的木耳，加少许盐，煮1分钟，捞出。3.用油起锅，爆香蒜末，倒入上海青，炒至熟软，放入木耳，翻炒匀。4.加入适量盐、鸡粉、料酒、水淀粉，炒匀入味，盛出，装入盘中即可食用。

腰果炒空心菜

◎难易度：★ ☆ ☆ ◎功效：清热解毒

烹饪时间
Time
1分30秒

🥘 烹饪小提示

空心菜的根部较硬，应将其切除，以免影响菜肴的口感。

🍗 原　料

空心菜100克，腰果70克，彩椒15克，蒜末少许

🥄 调　料

盐2克，白糖、鸡粉各3克，水淀粉、食用油各适量

🔪 做　法

① 将备好的彩椒洗净，切成细丝。

② 沸水锅中放入食粉、腰果，焯水捞出；将空心菜煮断生，备用。

③ 将腰果炸香捞出；起油锅，爆香蒜末，倒入彩椒丝、空心菜。

④ 加入盐、白糖、鸡粉、水淀粉，炒入味，盛出加腰果即成。

蒜蓉菠菜

◉难易度：★☆☆ ◉功效：降低血压

烹饪时间
Time
1分30秒

◉ 原料

菠菜200克，彩椒70克，蒜末少许

◉ 调料

盐、鸡粉各2克，食用油适量

◉ 烹饪小提示

将菠菜切好后用开水烫一下，不仅能去除草酸，还能去除其涩口的味道。

◉ 做法

① 彩椒洗净切粗丝；菠菜洗净，切去根部。

② 用油起锅，爆香蒜末，倒入彩椒丝，翻炒一会儿。

③ 再放入切好的菠菜，快速翻炒匀，至食材断生。

④ 加入少许盐、鸡粉，用大火翻炒至入味，盛出装盘即成。

做 法

❶ 胡萝卜洗净去皮，切细丝；菠菜洗净去根，再切段。

❷ 锅中注水烧开，放入胡萝卜丝，撒上盐，搅匀，煮至断生后捞出。

❸ 用油起锅，放入蒜末，爆香。

❹ 倒入菠菜，炒软，放入胡萝卜丝，翻炒匀。

❺ 加入盐、鸡粉，炒匀调味，盛出装盘即成。

烹饪时间
Time
1分30秒

胡萝卜炒菠菜

◎难易度：★ ☆ ☆　◎功效：降低血压

原料

菠菜180克，胡萝卜90克，蒜末少许

调料

盐3克，鸡粉2克，食用油适量

烹饪小提示

菠菜是一种十分容易熟的蔬菜，炒制的时候适宜用大火快炒，这样可避免营养流失。

辣拌芹菜

●难易度：★☆☆ ●功效：降压降糖

烹饪时间
Time
3分钟

原 料

芹菜150克，红椒丝、蒜末各适量

调 料

盐、味精、白糖、白醋、辣椒油、芝麻油各适量

做 法

1.将洗净的芹菜切段。2.锅中注水烧热，加入食用油、盐、大火煮沸，倒入芹菜，焯煮至断生，捞出。3.芹菜放入盘中，倒入红椒丝、蒜末，加盐、味精、白糖。4.再淋入白醋、辣椒油，搅拌至入味，淋入芝麻油拌匀，装入盘中即成。

芹菜香干

●难易度：★☆☆ ●功效：降压降糖

原 料

白香干200克，红椒15克，芹菜30克，姜片、蒜末、葱白各少许

调 料

盐2克，味精1克，蚝油3克，水淀粉10毫升，豆瓣酱、料酒、食用油各适量

做 法

1.白香干洗净切条；红椒洗净切丝；芹菜洗净切段。2.热锅注油，倒入白香干，用锅铲搅散，炸约1分钟至熟，捞出。3.锅留底油，爆香姜片、蒜末、葱白，倒入红椒、芹菜拌炒片刻。4.倒入白香干，加入盐、味精、蚝油、豆瓣酱、料酒，翻入味，用水淀粉勾芡即可。

烹饪时间
Time
4分钟

烹饪时间
Time
1分30秒

🍲 **烹饪小提示**

食材焯水时间不宜过久，以免失去爽脆的口感。

醋拌芹菜

◉难易度：★ ☆ ☆ ◉功效：开胃消食

🥘 **原　料**

芹菜梗200克，彩椒10克，芹菜叶25克，熟白芝麻少许

🍶 **调　料**

盐2克，白糖3克，陈醋15毫升，芝麻油10毫升

🥄 **做　法**

❶ 彩椒洗净切开，去籽，改切细丝；芹菜梗洗净切段。

❷ 锅中注水烧开，倒入芹菜梗，略煮，放入彩椒，煮至断生，捞出。

❸ 倒入碗中，放入芹菜叶、盐、白糖、陈醋、芝麻油。

❹ 再放入白芝麻，拌匀至食材入味，盛出装盘即可。

蒜苗炒口蘑

◉难易度：★☆☆　◉功效：增强免疫力

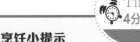

烹饪时间
Time
4分钟

🥄 原　料

口蘑250克，蒜苗2根，朝天椒圈15克，
姜片少许

🫙 调　料

盐、鸡粉各1克，蚝油5克，生抽5毫
升，水淀粉、食用油各适量

🥘 烹饪小提示

如果喜欢偏辣口味，也可以加入适量的
干辣椒爆香。

🔪 做　法

❶
口蘑洗净切厚片；蒜
苗洗净切段。

❷
锅中注入适量的清水
烧开，倒入口蘑，余
煮至断生捞出。

❸
起油锅，爆香姜片、
朝天椒圈，倒入口蘑、
生抽、蚝油，炒熟。

❹
注水，加入盐、鸡
粉、蒜苗，炒断生，
用水淀粉勾芡即可。

🍳 做 法

❶ 韭菜洗净切段；香菇洗净切粗丝；南瓜洗净去皮，切丝。

❷ 锅中注水烧开，加少许盐，倒入香菇、南瓜，煮至断生后捞出。

❸ 起油锅，烧热，倒入韭菜段，炒匀，再倒入南瓜、香菇。

❹ 淋入料酒，炒匀提味，加入少许盐、鸡粉，翻炒均匀。

❺ 倒入少许水淀粉，翻炒至熟软、入味，盛出装盘即成。

烹饪时间
🕐 Time
1分钟

南瓜香菇炒韭菜

●难易度：★ ☆ ☆　　●功效：降低血压

🥗 **原 料**
| 南瓜200克，韭菜90克，水发香菇45克

🥄 **调 料**
| 盐2克，鸡粉少许，料酒4毫升，水淀粉、食用油各适量

🍲 **烹饪小提示**

将南瓜切成丝会较易熟，翻炒时可用大火快速炒，这样口感更佳。

椰香西蓝花

◎难易度：★☆☆ ◎功效：补钙

烹饪时间 Time 2分30秒

🍲 原 料

西蓝花200克，草菇100克，香肠120克，牛奶、椰浆、胡萝卜片、姜片、葱段各适量

🥣 调 料

盐3克，鸡粉2克，水淀粉、食用油各适量

🍴 做 法

1.西蓝花洗净切小朵；草菇洗净切半；香肠洗净切片。2.锅中注水烧开，放入食用油、盐、草菇、西蓝花，煮至断生捞出。3.起油锅，爆香胡萝卜片、姜片、葱段，放入香肠，炒香，倒水，收拢食材。4.放入焯煮过的食材，炒匀，倒入牛奶、椰浆，煮沸。5.加入盐、鸡粉，煮至食材熟透，用水淀粉勾芡即可。

干煸花菜

◎难易度：★☆☆ ◎功效：保肝护肾

🍲 原 料

花菜350克，五花肉200克，干辣椒8克，姜片、蒜末、葱段各少许

🥣 调 料

盐7克，鸡粉2克，豆瓣酱15克，生抽4毫升，老抽2毫升，水淀粉3毫升，食用油适量

🍴 做 法

1.花菜切小块；五花肉切片。2.锅中加水，烧开后加入5克盐，放入花菜，煮约1分钟，捞出。3.起油锅，放入肉片，炒至出油，加入姜片、蒜末、干辣椒，炒匀。4.加入老抽、生抽、豆瓣酱，炒匀，倒入花菜，加入水淀粉勾芡。5.加入盐、鸡粉，放入葱段，翻炒均匀，盛出即可。

烹饪时间 Time 2分30秒

糖醋花菜

⊙难易度：★ ☆ ☆ ⊙功效：增强免疫力

烹饪时间
Time
2分钟

🍳 烹饪小提示

调味时，要先放白糖再加入盐，这样可以使糖分渗入到花菜中。

🍲 原　料

花菜350克，红椒35克，蒜末、葱段各少许

🍱 调　料

番茄汁25克，盐3克，白糖4克，料酒4毫升，水淀粉、食用油各适量

🍳 做　法

❶ 花菜洗净切小块；红椒洗净切开，去籽，再切小块。

❷ 沸水锅中加入盐、花菜，稍煮，倒红椒块，煮至断生，捞出。

❸ 起油锅，爆香蒜末、葱段，倒入煮过的食材、料酒，炒香，加清水。

❹ 放入番茄汁、白糖，拌匀，加盐调味，用水淀粉勾芡即成。

清炒椒丝

◉难易度：★ ☆ ☆　◉功效：降低血压

烹饪时间
Time
1分钟

原　料

| 彩椒50克，圆椒150克

调　料

| 盐、鸡粉各2克，水淀粉、食用油各适量

◉ **烹饪小提示**

勾芡时宜用大火，这样可缩短烹饪时间，避免彩椒肉质变老。

做　法

❶ 彩椒洗净切粗丝；圆椒洗净切粗丝。

❷ 起油锅，倒入彩椒、圆椒，用大火快速翻炒匀，注水，炒软。

❸ 转小火，加入盐、鸡粉，用中火炒匀调味，至食材八成熟。

❹ 倒入适量水淀粉，翻炒至熟透，盛出装盘即成。

做 法

❶ 青椒洗净去蒂。

❷ 热锅注油，烧至五成热，倒入青椒，搅拌片刻，炸至青椒呈虎皮状，捞出。

❸ 把青椒倒入碗中，加入蒜末，用木臼棒把青椒捣碎。

❹ 放入适量豆瓣酱、生抽，快速拌匀。

❺ 加入盐、鸡粉，搅拌片刻，至食材入味，盛出装盘即可。

烹饪时间
Time
2分钟

擂辣椒

●难易度：★☆☆ ●功效：开胃消食

原料
青椒300克，蒜末少许

调料
盐3克，鸡粉3克，豆瓣酱10克，生抽5毫升，食用油适量

🍲 烹饪小提示
若家中没有擂钵，可用普通的碗代替；维生素C不耐热，易被破坏，在铜器中更是如此，所以要避免使用铜质的餐具烹饪辣椒。

豆瓣茄子

◉难易度：★ ☆ ☆　◉功效：清热解毒

原料

茄子300克，红椒40克，姜末、葱花各少许

调料

盐、鸡粉各2克，生抽、水淀粉各5毫升，豆瓣酱15克，食用油适量

做法

1.茄子洗净去皮，切条；红椒洗净去头尾，切粒。2.热锅注油烧热，放入茄子，炸至金黄色，捞出。3.锅底留油，炒香姜末、红椒，倒入豆瓣酱，炒匀，放入茄子，加水，翻炒匀。4.放入少许盐、鸡粉、生抽，炒匀，加入水淀粉勾芡。5.盛出装碗，撒上适量葱花即可。

彩椒茄子

◉难易度：★ ☆ ☆　◉功效：降低血压

原料

彩椒80克，胡萝卜70克，黄瓜80克，茄子270克，姜片、蒜末、葱段、葱花各少许

调料

盐2克，鸡粉2克，生抽4毫升，蚝油7克，水淀粉5毫升，食用油适量

做法

1.茄子、胡萝卜均洗净去皮，切丁；黄瓜、彩椒均洗净切丁。2.热锅注油烧热，倒入茄子丁，炸至微黄色，捞出。3.锅底留油，爆香姜片、蒜末、葱段，倒入胡萝卜、黄瓜、彩椒，略炒片刻。4.调入盐、鸡粉，放入茄子，加入生抽、蚝油、水淀粉，炒匀，盛出撒上葱花即可。

蒜泥蒸茄子

●难易度：★☆☆ ●功效：降低血压

烹饪时间
Time
11分钟

烹饪小提示

茄子易吸油吸水，蒸之前可多浇些味汁，这样才能防止蒸干，而且更美味。

原 料

茄子300克，彩椒40克，蒜末45克，香菜、葱花各少许

调 料

生抽5毫升，陈醋5毫升，鸡粉2克，盐2克，芝麻油2毫升，食用油适量

做 法

❶ 彩椒洗净切粒；茄子洗净去皮，对半切开，切上网格花刀，摆盘。

❷ 碗中放蒜末、葱花、生抽、陈醋、鸡粉、盐、芝麻油，拌成味汁。

❸ 将味汁浇在茄子上，放上彩椒粒，再放入烧开的蒸锅中。

❹ 用大火蒸10分钟，取出撒上葱花，浇上热油，放上香菜即可。

红烧白萝卜

◉难易度：★☆☆ ◉功效：降低血压

🍳 原 料

白萝卜350克，鲜香菇35克，彩椒40克，蒜末、葱白、葱叶各少许

🥄 调 料

盐2克，鸡粉2克，生抽5毫升，水淀粉5毫升，食用油适量

烹饪时间
Time
2分钟

🍲 烹饪小提示

烹饪此道菜肴讲究火候，焖煮的时候要选用中小火。

🔪 做 法

❶ 白萝卜洗净去皮，切丁；香菇洗净切块；彩椒洗净切小块。

❷ 起油锅，爆香蒜末、葱白，倒入香菇，炒熟，放入白萝卜丁，炒匀。

❸ 注水，加入盐、鸡粉、生抽，拌匀，焖煮约5分钟。

❹ 放入彩椒，大火收汁，用水淀粉勾芡，撒上葱叶，炒熟即成。

做 法

① 白萝卜洗净去皮，切条形；红椒洗净切圈。

② 用油起锅，爆香花椒、干辣椒、蒜末。

③ 放入白萝卜条，炒匀，加入豆瓣酱、生抽、盐、鸡粉，炒至熟软。

④ 注水，炒匀，盖上盖，烧开后用小火煮10分钟至食材入味。

⑤ 揭盖，放入红椒圈，炒至断生，用水淀粉勾芡，撒上葱段，炒香，盛出撒上白芝麻即可。

川味烧萝卜

◉难易度：★☆☆ ◉功效：清热解毒

烹饪时间
Time
18分钟

🧅 原料

白萝卜400克，红椒35克，白芝麻4克，干辣椒15克，花椒5克，蒜末、葱段各少许

🍶 调料

盐2克，鸡粉1克，豆瓣酱2克，生抽4毫升，水淀粉、食用油各适量

🍳 烹饪小提示

萝卜丝应切得粗细一致，这样炒制的时间会更短，煮好的白萝卜口感也会更均匀。

白菜梗拌胡萝卜丝

●难易度：★☆☆ ●功效：降压降糖

烹饪时间
Time
3分钟

🍴 **烹饪小提示**

焯煮食材时，可以放入少许食用油，能使拌好的食材更爽口。

🥬 **原 料**

白菜梗120克，胡萝卜200克，青椒35克，蒜末、葱花各少许

🧂 **调 料**

盐3克，鸡粉2克，生抽3毫升，陈醋6毫升，芝麻油适量

🔪 **做 法**

① 白菜梗洗净切丝；胡萝卜洗净去皮，切丝；青椒洗净，去籽切丝。

② 锅中注水烧开，加少许盐，倒入胡萝卜丝，煮约1分钟。

③ 放入白菜梗、青椒，拌匀，煮约半分钟，至食材断生后捞出。

④ 装碗，加盐、鸡粉、生抽、陈醋、芝麻油、蒜末、葱花，拌匀即可。

烹饪时间
Time
4分钟

胡萝卜凉薯片

◉难易度：★☆☆ ◉功效：保护视力

原料

去皮凉薯200克，去皮胡萝卜100克，青椒25克

调料

盐、鸡粉各1克，蚝油5克，食用油适量

做法

1.凉薯洗净切片；胡萝卜洗净切薄片；青椒洗净去柄、籽，切块。2.热锅注油，倒入胡萝卜，炒拌，放入凉薯，炒至熟透，倒入青椒。3.加入盐、鸡粉，炒拌，注入少许清水，炒匀。4.放入蚝油，翻炒约1分钟至入味，盛出装盘即可。

胡萝卜炒杏鲍菇

◉难易度：★☆☆ ◉功效：降低血脂

原料

胡萝卜100克，杏鲍菇90克，姜片、蒜末、葱段各少许

调料

盐3克，鸡粉少许，蚝油4克，料酒3毫升，食用油、水淀粉各适量

做法

1.杏鲍菇洗净切片；胡萝卜洗净去皮，切片。2.锅中注水烧开，加食用油、盐，倒入胡萝卜片，煮约半分钟，倒入杏鲍菇，续煮约1分钟，捞出。3.起油锅，爆香姜片、蒜末、葱段，倒入焯煮好的食材，炒匀，淋入料酒。4.加入盐、鸡粉、蚝油，炒至食材熟透，倒入水淀粉勾芡，盛出即成。

烹饪时间
Time
1分30秒

西红柿炒扁豆

烹饪时间
Time
2分钟

●难易度：★☆☆ ●功效：清热解毒

原料

西红柿90克，扁豆100克，蒜末、葱段各少许

调料

盐、鸡粉各2克，料酒4毫升，水淀粉、食用油各适量

烹饪小提示

烹饪时注入的清水不宜过多，以免稀释菜肴的味道，影响菜肴的口感。

做法

① 西红柿洗净切小块。

② 锅中注水烧开，放入食用油、盐，倒入择洗干净的扁豆，煮约1分钟至断生后捞出。

③ 起油锅，爆香蒜末、葱段，倒入西红柿，炒至析出汁水。

④ 放入扁豆，翻炒匀，淋入料酒，炒匀提鲜，注水，翻动食材。

⑤ 转小火，调入盐、鸡粉，大火收汁，倒入水淀粉，炒匀，盛出装盘即成。

西红柿烧茄子

◉难易度：★ ☆ ☆   ◉功效：美容养颜

烹饪时间
Time
3分钟

◎ **烹饪小提示**

炸茄子油温不宜过高，以免将茄子炸老，影响到口感。

◎ **原 料**

西红柿80克，茄子100克，葱10克

◎ **调 料**

盐3克，味精、生抽、水淀粉、香油各适量

◢ **做 法**

❶ 茄子去皮，滚刀切块；西红柿切块；葱切成段。

❷ 起油锅，烧热，倒入茄子炸1分钟捞出；锅留底油，煸香葱白。

❸ 加入水、盐、味精，煮沸，倒入茄子、生抽、西红柿炒熟。

❹ 加少许水淀粉、香油勾芡，撒入葱叶，盛出装盘即成。

酸辣炒土豆丝

◉难易度：★☆☆ ◉功效：开胃消食

烹饪时间
Time
4分钟

◉ **原料**

| 土豆250克，干辣椒、葱花各适量

◉ **调料**

| 盐3克，鸡粉2克，白醋6毫升，植物油
| 10毫升，香油少许，白糖适量

◎ **烹饪小提示**

切好的土豆若不立即使用，最好放在清水中浸泡，避免它氧化变色。

◉ **做法**

❶ 去皮洗净的土豆切片，改刀切丝。

❷ 用油起锅，爆香干辣椒，放入土豆丝，翻炒约2分钟至断生。

❸ 加入盐、白糖、鸡粉，炒匀，淋入白醋，炒约1分钟至入味。

❹ 倒入少许香油，炒匀，盛出装盘，撒上葱花即可。

干煸土豆条

◎难易度：★☆☆ ◎功效：开胃消食

◎ 原 料

土豆350克，干辣椒、蒜末、葱段各少许

◎ 调 料

盐3克，鸡粉4克，辣椒油5毫升，生抽、水淀粉、食用油各适量

◎ 做 法

1.土豆洗净去皮，切条。2.锅中注水烧开，放入盐、鸡粉，倒入土豆条，煮3分钟至其熟透，捞出。3.用油起锅，爆香蒜末、干辣椒、葱段，倒入土豆条，炒匀。4.放入生抽、盐、鸡粉，炒匀调味，淋入辣椒油，拌炒匀。5.倒入水淀粉勾芡，盛出装盘即可。

青椒炒土豆丝

◎难易度：★☆☆ ◎功效：开胃消食

◎ 原 料

青椒60克，土豆300克，猪瘦肉150克，胡萝卜适量，蒜末、姜丝各少许

◎ 调 料

盐、鸡粉各2克，料酒3毫升，生抽4毫升，生粉、食用油各适量

◎ 做 法

1.胡萝卜洗净切丝；土豆洗净去皮，切丝；青椒洗净去籽，切丝；猪瘦肉洗净切丝。2.瘦肉装碗，加盐、鸡粉、料酒、生抽、生粉、食用油腌渍。3.起油锅，爆香蒜末，倒入肉丝，炒变色。4.放入胡萝卜丝、姜丝、青椒丝、土豆丝，翻炒匀。5.加入盐、鸡粉、料酒，炒匀盛出即可。

豉香山药条

●难易度：★ ☆ ☆　●功效：养心润肺

⊙ 原 料

山药350克，青椒25克，红椒20克，豆豉45克，蒜末、葱段各少许

⊙ 调 料

盐3克，鸡粉2克，豆瓣酱10克，白醋8毫升，食用油适量

烹饪时间
Time
2分钟

◎ 烹饪小提示

山药遇到空气会氧化变黑，因此山药切好后要立刻炒制。

✍ 做 法

❶ 红椒洗净切粒；青椒洗净切粒；山药洗净去皮，切条。

❷ 锅中注水烧开，放入白醋、盐、山药，煮1分钟，捞出。

❸ 起油锅，爆香豆豉、葱段、蒜末，放入红椒、青椒、豆瓣酱，炒匀。

❹ 放入山药条，炒匀，加入盐、鸡粉，炒入味，盛出装盘即可。

做 法

❶ 山药洗净切成块；西红柿洗净切成小瓣；处理好的大蒜切成片；大葱洗净切成段。

❷ 锅中注水烧开，加入盐、食用油、山药，煮至断生，捞出。

❸ 起油锅，倒入备好的大蒜、大葱、西红柿、山药，炒匀。

❹ 加入盐、白糖、鸡粉，翻炒匀，倒入水淀粉，炒匀。

❺ 加入葱段，翻炒约2分钟至熟，盛出装盘即可食用。

烹饪时间
Time
4分钟

番茄炒山药

●难易度：★☆☆ ●功效：美容养颜

原 料

去皮山药200克，西红柿150克，大葱10克，大蒜5克，葱段5克

调 料

盐、白糖各2克，鸡粉3克，水淀粉、食用油各适量

烹饪小提示

切好的山药要放入适量的清水中浸泡一会儿，否则容易氧化变黑。

茄汁香芋

●难易度：★☆☆ ●功效：增强免疫力

🍄 原 料

香芋400克，蒜末、葱花各少许

🍶 调 料

白糖5克，番茄酱15克，水淀粉、食用油各适量

🍴 做 法

1.香芋洗净去皮，切丁。2.锅中注油，烧至六成热，放入香芋，炸约1分钟至其八成熟，捞出。3.锅底留油，爆香蒜末，加入适量清水，倒入香芋，加入适量白糖、番茄酱，炒匀调味。4.倒入适量水淀粉，拌炒均匀，盛出装盘，撒上葱花即成。

麻辣小芋头

●难易度：★☆☆ ●功效：清热解毒

🍄 原 料

芋头500克，干辣椒10克，花椒5克，蒜末、葱花各少许

🍶 调 料

豆瓣酱15克，盐2克，鸡粉2克，辣椒酱8克，水淀粉5毫升，食用油适量

🍴 做 法

1.热锅注油烧热，倒入去皮洗净的芋头，炸呈金黄色，捞出。2.锅底留油，爆香干辣椒、花椒、蒜末，倒入豆瓣酱，炒香。3.放入芋头，炒匀，注水，加入盐、鸡粉、辣椒酱，炒匀调味。4.烧开后用小火焖煮约15分钟，转大火收汁，倒入水淀粉，炒匀盛出，撒上葱花即可。

粉蒸芋头

◉难易度：★☆☆ ◉功效：保肝护肾

烹饪时间
Time
27分钟

🍳 烹饪小提示

芋头中可加入适量食用油拌匀，蒸出的
味道更香。

◎ 原 料

去皮芋头400克，蒸肉米粉130克，甜辣
酱30克，葱花、蒜末各少许

🍶 调 料

盐2克

🥄 做 法

  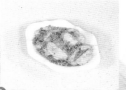 

1 洗净的芋头对半切
开，切长条，装碗。

2 倒入甜辣酱，放入葱
花，倒入蒜末，加入
盐，将材料拌匀。

3 倒入蒸肉米粉，拌
匀，将拌好的芋头摆
在备好的盘中。

4 蒸锅注水烧开，放上
芋头，蒸25分钟，取
出撒上葱花即可。

豌豆炒玉米

●难易度：★☆☆　●功效：增强免疫力

烹饪时间
Time
1分30秒

🍲 原　料

鲜玉米粒200克，胡萝卜70克，豌豆180克，姜片、蒜末、葱段各少许

🍶 调　料

盐3克，鸡粉2克，料酒4毫升，水淀粉、食用油各适量

🥄 烹饪小提示

豌豆放入沸水锅中后，可盖上盖，这样能缩短焯煮的时间。

🍴 做　法

① 将洗净去皮的胡萝卜切成粒。

② 锅注水烧开，加入盐、油、胡萝卜、豌豆、玉米煮1分30秒，捞出。

③ 用油起锅，放姜片、蒜末、葱段爆香，倒入焯好的食材炒匀。

④ 加料酒、鸡粉、盐炒入味，倒入水淀粉勾芡即成。

🔪 做 法

① 胡萝卜去皮洗净，切丁；用牙签把莲子芯挑去。

② 锅中注水烧开，加入2克盐，放入胡萝卜、玉米粒、莲子，用大火煮至八成熟，捞出。

③ 热锅注油烧热，放入松子，用小火滑油1分钟至熟，捞出。

④ 起油锅，爆香姜片、蒜末、葱段，倒入玉米粒、胡萝卜、莲子，翻炒匀。

⑤ 放入盐、鸡粉，炒匀调味，加入水淀粉勾芡，盛出装盘，撒上松子、葱花即可。

烹饪时间
Time
2分30秒

莲子松仁玉米

◎难易度：★☆☆ ◎功效：益智健脑

🍴 原 料

鲜莲子150克，鲜玉米粒160克，松子70克，胡萝卜50克，姜片、蒜末、葱段、葱花各少许

🧂 调 料

盐4克，鸡粉2克，水淀粉、食用油各适量

🍵 烹饪小提示

松子入油锅滑油的时候，要控制好滑油的火候和时间，以免炸焦。

辣油藕片

◎难易度：★☆☆ ◎功效：清热解毒

烹饪时间
Time
1分30秒

🍲 原 料

莲藕350克，姜片、蒜末、葱花各少许

🍶 调 料

白醋7毫升，陈醋10毫升，辣椒油8毫升，盐2克，鸡粉2克，生抽4毫升，水淀粉4毫升，食用油适量

🥢 做 法

1.莲藕洗净去皮，切成藕片。2.锅中注水烧开，淋入白醋，倒入藕片，煮半分钟至其断生，捞出。3.起油锅，爆香姜片、蒜末，倒入藕片，炒匀。4.加入陈醋、辣椒油、盐、鸡粉、生抽、水淀粉，炒匀。5.撒上葱花，炒香，盛出装盘即可。

干煸藕条

◎难易度：★☆☆ ◎功效：清热解毒

🍲 原 料

莲藕230克，玉米淀粉60克，葱丝、红椒丝、干辣椒、花椒各适量，白芝麻、姜片、蒜头各少许

🍶 调 料

盐2克，鸡粉少许，食用油适量

🥢 做 法

1.莲藕去皮洗净，切条。2.取备好的玉米淀粉，滚在藕条上，腌渍一小会。3.热锅注油烧热，放入藕条，炸至呈金黄色，捞出。4.起油锅，爆香干辣椒、花椒、姜片、蒜头，倒入藕条，炒匀。5.加入少许盐、鸡粉，炒匀调味，盛出装盘，撒上熟白芝麻，点缀上葱丝、红椒丝即成。

烹饪时间
Time
2分钟

糖醋藕片

◉难易度：★☆☆ ◉功效：清热解毒

烹饪时间
Time
2分钟

🍽 烹饪小提示

白糖和白醋不宜加太多，以免过于酸甜，掩盖藕片本身的脆甜口感。

🥬 原　料

莲藕350克，葱花少许

🧂 调　料

白糖20克，盐2克，白醋5毫升，番茄汁10毫升，水淀粉4毫升，食用油适量

🔪 做　法

❶ 将洗净去皮的莲藕切成片。

❷ 锅中注水烧开，倒入白醋，放入藕片，焯煮2分钟，捞出。

❸ 起油锅，注水，放入白糖、盐、白醋、番茄汁，拌匀，煮至白糖溶化。

❹ 倒入水淀粉勾芡，放入藕片，炒匀，盛出撒上葱花即可。

洋葱炒豆腐皮

●难易度：★ ☆ ☆ ●功效：降低血压

烹饪时间
Time
2分钟

◎ 原 料

豆腐皮230克，彩椒50克，洋葱70克，瘦肉130克，葱段少许

◎ 调 料

盐4克，生抽13毫升，料酒10毫升，芝麻油2毫升，水淀粉9毫升，食用油适量

◎ 烹饪小提示

炒豆皮时要边炒边把豆皮抖散，否则豆皮不易入味。

◎ 做 法

1 彩椒、洋葱切丝；豆腐皮切条；肉切丝，加盐、生抽、水淀粉、油腌渍。

2 锅中注水烧开，放入盐、食用油，倒入豆皮，煮半分钟捞出。

3 起油锅，放入瘦肉丝，炒变色，下入料酒、洋葱、彩椒，炒软。

4 放入盐、生抽、豆腐皮、葱段，倒入水淀粉、芝麻油，炒匀即可。

做 法

① 将洗净的洋葱切成丝，备用。

② 锅中注入适量食用油烧热，放入切好的洋葱，略炒片刻。

③ 倒入红酒，翻炒均匀。

④ 加入白糖、盐，炒至食材入味。

⑤ 淋入适量水淀粉，快速翻炒匀，盛出，装入盘中即可。

红酒焖洋葱

●难易度：★ ☆ ☆　●功效：降低血压

烹饪时间
Time
2分钟

🥄 原 料

洋葱200克，红酒120毫升

🧂 调 料

白糖3克，盐少许，水淀粉4毫升，食用油适量

🍳 烹饪小提示

不喜欢喝酒的人，可用少量的开水稀释红酒，再倒入锅中使用，味道也很好。

剁椒冬笋

●难易度：★☆☆ ●功效：防癌抗癌

● **原 料**

冬笋200克，大葱50克，剁椒40克，蒜末、葱花各少许

● **调 料**

盐3克，鸡粉3克，水淀粉5毫升，生抽5毫升，食用油适量

● **做 法**

1.大葱洗净切圈；冬笋去皮洗净，切片。
2.锅中注水烧开，放入盐、鸡粉，倒入冬笋，煮1分30秒，捞出。3.起油锅，爆香蒜末，放入大葱，炒香，加入剁椒，倒入冬笋，炒匀。4.淋入生抽，调入盐、鸡粉，加入水淀粉，倒入葱花，炒匀，盛出装盘即可。

香菇炒冬笋

●难易度：★☆☆ ●功效：补钙

● **原 料**

鲜香菇60克，竹笋120克，红椒10克，姜片、蒜末、葱花各少许

● **调 料**

盐3克，鸡粉3克，料酒4毫升，水淀粉、生抽、老抽、食用油各适量

● **做 法**

1.香菇洗净切块；红椒洗净切块；竹笋洗净切片。2.锅中注水烧开，放入盐、鸡粉、食用油、竹笋、香菇，煮至八成熟，捞出。3.起油锅，爆香姜片、蒜末、红椒，倒入竹笋、香菇、料酒，炒香。4.加入生抽、老抽、盐、鸡粉，炒匀，倒入水淀粉勾芡，盛出装盘，撒上葱花即可。

油辣冬笋尖

◎难易度：★ ☆ ☆　　◎功效：开胃消食

烹饪时间
Time
2分钟

🍲 烹饪小提示

冬笋焯水时间不可太长，以免失去其清脆的口感。

🥬 原 料

冬笋200克，青椒25克，红椒10克

🥄 调 料

盐2克，鸡粉2克，辣椒油6毫升，花椒油5毫升，水淀粉、食用油各适量

✍ 做 法

❶ 冬笋洗净去皮，切滚刀块；青、红椒均洗净去籽，切小块。

❷ 锅中注水烧开，加入盐、鸡粉、食用油、冬笋块，煮1分钟，捞出。

❸ 起油锅，倒入冬笋块、辣椒油、花椒油、盐、鸡粉，炒匀。

❹ 倒入青椒、红椒，炒至断生，淋入水淀粉炒匀，盛出即可。

① 莴笋洗净去皮，用斜刀切段，再切片；红椒洗净切开，去籽，再切小块。

② 锅中注水烧开，倒入食用油、盐，放入莴笋片，煮1分钟至其八成熟，捞出。

③ 起油锅，爆香红椒、葱段、蒜末、花椒。

④ 倒入莴笋，炒匀，加入豆瓣酱、盐、鸡粉，炒匀调味。

⑤ 淋入适量水淀粉，翻炒均匀，盛出装盘即可。

烹饪时间
Time
1分30秒

葱椒莴笋

●难易度：★☆☆　●功效：降低血压

原 料

莴笋200克，红椒30克，葱段、花椒、蒜末各少许

调 料

盐4克，鸡粉2克，豆瓣酱10克，水淀粉8毫升，食用油适量

烹饪小提示

焯莴笋时一定要注意时间和温度，焯的时间过长、温度过高会使莴笋绵软，失去清脆的口感。

凉拌莴笋

●难易度：★ ☆ ☆ ●功效：降低血压

◎ **原 料**

莴笋100克，胡萝卜90克，黄豆芽90克，蒜末少许

◎ **调 料**

盐3克，鸡粉少许，白糖2克，生抽4毫升，陈醋7毫升，芝麻油、食用油各适量

烹饪时间
Time
3分钟

◎ **烹饪小提示**

黄豆芽比较脆嫩，焯煮的时间不宜过长，以免破坏其口感。

🍴 **做 法**

❶ 胡萝卜洗净去皮，切细丝；莴笋洗净去皮，切丝。

❷ 沸水锅中下盐、食用油、胡萝卜丝、莴笋丝、黄豆芽，煮熟捞出。

❸ 装碗，放入蒜末、盐、鸡粉、白糖、生抽、陈醋、芝麻油，拌入味。

❹ 取一个干净的盘子，盛入拌好的菜肴，摆好盘即成。

丝瓜烧花菜

◎难易度：★ ☆ ☆　◎功效：降低血压

烹饪时间
Time
1分30秒

🐷 原 料

花菜180克，丝瓜120克，西红柿100
克，蒜末、葱段各少许

🥣 调 料

盐3克，鸡粉2克，料酒4毫升，水淀粉6
毫升，食用油适量

◎ 烹饪小提示

花菜的根部口感比较差，烹饪前可将其
切除。

✍ 做 法

❶ 丝瓜洗净切小块；花
菜洗净切小朵；西红
柿洗净切小块。

❷ 锅中注水烧开，加入
食用油、盐、花菜，
煮至其断生后捞出。

❸ 起油锅，爆香蒜末、
葱段，倒入丝瓜、西红
柿、花菜、料酒，炒匀。

❹ 注水，加入盐、鸡
粉、水淀粉，炒熟，
盛出装盘即成。

做 法

① 洗净去皮的丝瓜切成均等的段，摆在盘中。

② 热锅注油烧热，爆香姜末、蒜末，倒入剁椒，炒匀。

③ 倒入料酒、鸡粉、白糖、蚝油，注水，炒匀，将炒好的酱汁盛出，装入碗中。

④ 在丝瓜上摆上泡发好的粉丝，倒上酱汁，待用。

⑤ 蒸锅上火烧开，放入食材，中火蒸10分钟至入味，取出，撒上葱花即可。

烹饪时间
Time
10分钟

湘味蒸丝瓜

◉难易度：★ ☆ ☆　◉功效：美容养颜

🍃 原 料

丝瓜350克，水发粉丝150克，剁椒50克，蒜末、姜末、葱花各适量

📁 调 料

料酒5毫升，蚝油5克，鸡粉、白糖、食用油各适量

◉ 烹饪小提示

泡发好的粉丝可以事先切成均等的小段再入锅蒸，这样更方便食用。

醋熘黄瓜

◎难易度：★☆☆ ◎功效：增强免疫力

🥘 原 料

黄瓜200克，彩椒45克，青椒25克，蒜末少许

🧂 调 料

盐2克，白糖3克，白醋4毫升，水淀粉8毫升，食用油适量

🍳 做 法

1.彩椒、青椒、黄瓜均洗净切开，去籽，再切小块。2.起油锅，爆香蒜末，倒入黄瓜、青椒块、彩椒块，翻炒至熟软。3.放入少许盐、白糖、白醋，炒匀调味，淋入适量水淀粉，炒匀。4.关火后盛出炒好的食材，装入盘中即可。

川辣黄瓜

◎难易度：★☆☆ ◎功效：清热解毒

🥘 原 料

黄瓜175克，红椒圈10克，干辣椒、花椒各少许

🧂 调 料

鸡粉2克，盐2克，生抽4毫升，白糖2克，陈醋5毫升，辣椒油10毫升，食用油适量

🍳 做 法

1.黄瓜洗净切段，再切成细条形，去除瓜瓤。2.起油锅，爆香干辣椒、花椒，盛出热油，滤入小碗中。3.取一个小碗，放入鸡粉、盐、生抽、白糖、陈醋、辣椒油、热油，放入红椒圈，拌匀，制成味汁。4.将黄瓜条放入盘中，摆放整齐，把味汁浇在黄瓜上即可。

黄瓜蒜片

◉难易度：★ ☆ ☆ ◉功效：降压降糖

⊙ 烹饪小提示

黄瓜尾部含有较多的苦味素，营养价值较高，烹饪时不宜将其尾部丢弃。

⊙ 原 料

黄瓜140克，红椒12克，大蒜13克

⊙ 调 料

盐2克，鸡粉2克，生抽2毫升，水淀粉、食用油各适量

✎ 做 法

❶ 大蒜洗净去皮，切片；黄瓜洗净去皮，切块；红椒洗净切块。

❷ 起油锅，倒入蒜片，爆香，倒入红椒、黄瓜，炒至其熟软。

❸ 加入盐、鸡粉、生抽，拌炒均匀，至红椒和黄瓜完全入味。

❹ 加入清水，拌炒一会儿，倒入水淀粉，炒匀，盛出装碗即成。

西红柿炒冬瓜

◉难易度：★☆☆　◉功效：降低血压

烹饪时间
Time
1分钟

🍴 原　料

西红柿100克，冬瓜260克，蒜末、葱花
各少许

🍲 调　料

盐2克，鸡粉2克，食用油适量，水淀粉
少许

🥄 烹饪小提示

冬瓜片可以切得稍微薄一点，这样更易
炒熟透。

🥢 做　法

①
冬瓜洗净去皮，切成
片；西红柿洗净切成
小块。

②
锅中注水烧开，倒入
冬瓜，煮半分钟，至
其断生，捞出。

③
起油锅，放入蒜末，
炒香，倒入西红柿、
冬瓜，炒匀。

④
加入盐、鸡粉，炒
匀，用水淀粉勾芡，
盛出撒上葱花即可。

☑ 做 法

① 冬瓜洗净切丁；香菇洗
净切小块。

② 锅中注水烧开，加入食
用油、盐，倒入冬瓜，
煮1分钟，倒入香菇，
煮约半分钟，捞出。

③ 炒锅注油烧热，爆香姜
片、葱段、蒜末，倒入
焯过水的食材，炒匀。

④ 注入少许清水，翻炒
匀，加入盐、鸡粉、蚝
油，翻炒匀，煮入味。

⑤ 大火收汁，倒入适量水
淀粉，炒匀入味，盛出
即可。

烹饪时间
Time
4分钟

冬瓜烧香菇

●难易度：★ ☆ ☆   ●功效：增强免疫力

🥬 原 料

冬瓜200克，鲜香菇45克，
姜片、葱段、蒜末各少许

🧂 调 料

盐2克，鸡粉2克，蚝油5
克，食用油、水淀粉各适量

◎ 烹饪小提示

冬瓜适宜用小火煮，且不要煮太久，以免冬瓜过熟过烂，从
而影响口感。

蜜枣蒸南瓜

◎难易度：★☆☆ ◎功效：降低血压

烹饪时间 Time 9分钟

🐮 原 料

南瓜350克，蜜枣50克

🕐 做 法

1.将备好的南瓜洗净，去皮，切成厚片；洗净的蜜枣切成小块。2.取一个干净的蒸盘，摆上切好的南瓜片，撒上蜜枣，静置一会儿，待用。3.蒸锅上火烧开，放入装有南瓜片的蒸盘，盖上盖子，用大火蒸约8分钟，至食材熟软。4.揭开盖，取出蒸熟的食材，摆好盘，稍微冷却后即可食用。

土豆炖南瓜

◎难易度：★☆☆ ◎功效：降低血压

🐮 原 料

南瓜300克，土豆200克，蒜末、葱花各少许

🍶 调 料

盐2克，鸡粉2克，蚝油10克，水淀粉5毫升，芝麻油2毫升，食用油适量

🕐 做 法

1.土豆洗净去皮，切丁；南瓜洗净去皮，切块。2.起油锅，爆香蒜末，放入土豆丁，炒匀，再倒入南瓜，炒匀。3.注入清水，加入盐、鸡粉、蚝油，翻炒匀，焖煮约8分钟，至食材熟软。4.大火收汁，倒入少许水淀粉勾芡，至食材熟透，淋入芝麻油。5.盛出装盘，撒上葱花即成。

烹饪时间 Time 10分钟

蒜香蒸南瓜

●难易度：★ ☆ ☆　●功效：降低血压

烹饪时间
Time
9分钟

🍲 烹饪小提示

南瓜蒸的时候要掌握好时间和火候，蒸烂了会影响口感。

🍲 原　料

南瓜400克，蒜末25克，香菜、葱花各少许

🍲 调　料

盐2克，鸡粉2克，生抽4毫升，芝麻油2毫升，食用油适量

📝 做　法

❶ 洗净去皮的南瓜切厚片，装入盘中，摆放整齐。

❷ 碗中放入蒜末、盐、鸡粉、生抽、食用油、芝麻油，拌匀成味汁。

❸ 把味汁浇在南瓜片上，把处理好的南瓜放入烧开的蒸锅中。

❹ 蒸8分钟至熟透，取出撒上葱花、香菜，浇上少许热油即可。

豆豉炒苦瓜

◉难易度：★ ☆ ☆　◉功效：降低血压

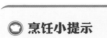
烹饪时间
Time
1分钟

原　料

苦瓜150克，豆豉、蒜末、葱段各少许

调　料

盐3克，水淀粉、食用油各适量

烹饪小提示

将豆豉切碎后再爆香，能为此道菜肴增添不少风味。

做　法

① 苦瓜洗净切开，去除瓜瓤，用斜刀切片。

② 锅中注水烧开，加入盐、苦瓜，煮1分钟至食材八成熟后捞出。

③ 用油起锅，爆香豆豉、蒜末、葱段，倒入苦瓜，炒匀。

④ 加入盐，炒匀，倒入水淀粉，炒入味，盛出装盘即成。

Part 3

营养美味的菌豆佳肴

　　香菇、金针菇、木耳、四季豆、豆腐、豆腐干等食材是老百姓食用最广的一类菌豆食材。通过简单的炒、烧、拌、蒸、焖等烹饪技艺，便可以制作出色、香、味、形俱全的美味菜肴。本章精心准备了一些家常菌豆菜，无论是查阅文字，还是观看烹饪视频，读者均能快速上手，做出拿手好菜。

红薯烧口蘑

●难易度：★ ☆ ☆ ●功效：增强免疫力

烹饪时间
Time
3分钟

原料

红薯160克，口蘑60克，葱花少许

调料

盐、鸡粉、白糖各2克，料酒5毫升，水
淀粉、食用油各适量

烹饪小提示

口蘑焯水后可过一次凉水，这样菜肴的
口感会更佳。

做法

① 将去皮洗净的红薯切
块，待用；洗好的口
蘑切小块，待用。

② 沸水锅中倒入口蘑，
淋入料酒，拌匀，略
煮一会儿，捞出口蘑。

③ 用油起锅，倒入红
薯、口蘑，翻炒匀，注
入适量清水，拌匀。

④ 加盐、鸡粉、白糖，炒
入味，倒入水淀粉，炒
匀，盛出装盘即成。

做 法

❶ 洗好的香菇去蒂，切成粗丝；洗净的菠菜切去根部，再切成长段。

❷ 锅置火上，淋入少许橄榄油，烧热，倒入蒜末、姜末，爆香。

❸ 放入香菇，炒匀炒香，淋入少许料酒，炒匀。

❹ 倒入菠菜，用大火炒至变软。

❺ 加入适量盐、鸡粉，炒匀调味，盛出炒好的菜肴即可。

烹饪时间
Time
3分钟

菠菜炒香菇

◉难易度：★ ☆ ☆　◉功效：降低血压

原 料

菠菜150克，鲜香菇45克，姜末、蒜末各少许

调 料

盐、鸡粉各2克，料酒4毫升，橄榄油适量

烹饪小提示

香菇入锅炒制前可以先放入沸水锅中焯煮一会儿，这样能去除异味。

香菇豌豆炒笋丁

◉难易度：★☆☆ ◉功效：开胃消食

烹饪时间
Time
2分钟

🐚 原 料

水发香菇65克，竹笋85克，胡萝卜70克，彩椒15克，豌豆50克

📋 调 料

盐2克，鸡粉2克，料酒、食用油各适量

🔪 做 法

1. 竹笋洗净切丁；胡萝卜洗净去皮，切丁；彩椒洗净切块；香菇洗净切块。2. 锅中注水烧开，放入竹笋，加入料酒，煮1分钟。3. 放入香菇、洗净的豌豆、胡萝卜，煮1分钟，加入少许食用油，放入彩椒，拌匀，捞出。4. 起油锅，倒入焯过水的食材，加入盐、鸡粉，炒匀调味，盛出即可。

栗焖香菇

◉难易度：★☆☆ ◉功效：增强免疫力

🐚 原 料

去皮板栗200克，鲜香菇40克，去皮胡萝卜50克

📋 调 料

盐、鸡粉、白糖各1克，生抽、料酒、水淀粉各5毫升，食用油适量

🔪 做 法

1. 板栗洗净，对半切开；香菇洗净，切十字刀，改切小块；胡萝卜洗净，切滚刀块。2. 起油锅，倒入切好的板栗、香菇、胡萝卜，翻炒均匀。3. 加入生抽、料酒，炒匀，注入适量清水，加入盐、鸡粉、白糖，拌匀。4. 加盖，用大火煮开后转小火焖15分钟使其入味。5. 揭盖，用水淀粉勾芡，盛出菜肴，装盘即可。

烹饪时间
Time
20分钟

枸杞芹菜炒香菇

◉难易度：★☆☆ ◉功效：开胃消食

◉原 料

芹菜120克，鲜香菇100克，枸杞20克

◉调 料

盐2克，鸡粉2克，水淀粉、食用油各适量

烹饪时间
Time
2分钟

◉ 烹饪小提示

香菇的菌盖下可多冲洗一会儿，能更好地去除杂质。

✎ 做 法

❶ 洗净的鲜香菇切成片；洗好的芹菜切成段。

❷ 用油起锅，倒入切好的香菇，炒出香味。

❸ 放入芹菜炒匀，注水，炒至食材变软，撒上洗净的枸杞翻炒匀。

❹ 加少许盐、鸡粉、水淀粉，炒匀调味，盛出炒好的菜肴，装盘即可。

鱼香金针菇

◉难易度：★☆☆ ◉功效：防癌抗癌

烹饪时间
Time
1分30秒

🥦 原 料

金针菇120克，胡萝卜150克，红椒30克，青椒30克，姜片、蒜末、葱段各少许

🍱 调 料

盐2克，鸡粉2克，豆瓣酱15克，白糖3克，陈醋10毫升，食用油适量

◎ 烹饪小提示

可以将切好的金针菇用手再撕开，这样更易熟透。

🔪 做 法

① 胡萝卜洗净去皮，切丝；青、红椒均洗净切丝；金针菇洗净去茎。

② 起油锅，放入姜片、蒜末、葱段，倒入胡萝卜丝，炒匀。

③ 放入金针菇、青椒、红椒，翻炒均匀。

④ 放入豆瓣酱、盐、鸡粉、白糖、陈醋，炒至入味，盛出即可。

做法

1 金针菇洗净，切去根部；菠菜洗净，切去根部，再切段；彩椒洗净切粗丝。

2 锅中注水烧开，加少许食用油、盐，倒入菠菜，煮至熟软后捞出。

3 再倒入金针菇，放入彩椒丝，煮至熟软后捞出全部食材。

4 菠菜装碗，再放入金针菇、彩椒，撒上蒜末，加入盐、鸡粉、陈醋、芝麻油，拌至入味。

5 再取一个干净的盘子，盛入拌好的食材，摆好盘即成。

烹饪时间 Time 4分钟

菠菜拌金针菇

●难易度：★☆☆　●功效：降低血压

原料

菠菜200克，金针菇180克，彩椒50克，蒜末少许

调料

盐3克，鸡粉少许，陈醋8毫升，芝麻油、食用油各适量

烹饪小提示

切菠菜时最好将有虫眼的菜叶全部去除，以免食用后引起身体不适。

做法

① 彩椒洗净切小块；平菇洗净撕小块。

② 锅中注水烧开，加入少许盐、白糖，倒入适量食用油，搅匀。

③ 放入平菇，煮半分钟，倒入荷兰豆，煮沸，放入彩椒块，略煮片刻，捞出。

④ 起油锅，爆香蒜末，倒入焯好的食材，翻炒匀。

⑤ 加入盐、鸡粉、白糖、蚝油，炒匀调味，淋入水淀粉，炒匀，盛出装盘，撒上白芝麻即可。

烹饪时间
Time
2分钟

平菇炒荷兰豆

◉难易度：★☆☆　◉功效：降低血压

原料

平菇100克，荷兰豆100克，彩椒35克，熟白芝麻、蒜末各少许

调料

盐3克，鸡粉2克，白糖6克，蚝油6克，水淀粉4毫升，食用油适量

烹饪小提示

荷兰豆要煮至完全熟透，生的或半生不熟的荷兰豆食用了易引发食物中毒的状况。

草菇扒芥菜

◉难易度：★ ☆ ☆ ◉功效：降低血压

◉ **原 料**

芥菜300克，草菇200克，胡萝卜片30克，蒜片少许

◉ **调 料**

盐2克，鸡粉1克，生抽5毫升，水淀粉、芝麻油、食用油各适量

烹饪时间
Time
7分钟

◉ **烹饪小提示**

生抽本身有一定的咸味和鲜味，所以做此菜时可少放盐和鸡粉。

◉ **做 法**

❶ 草菇洗净，切十字花刀，第二刀切开；芥菜洗净去叶，菜梗切块。

❷ 沸水锅中倒入草菇，煮熟捞出，再倒入芥菜、盐、油，煮熟捞出。

❸ 热油锅下蒜片、胡萝卜、生抽、水、草菇炒匀，加盐、鸡粉焖熟。

❹ 用水淀粉勾芡，淋入芝麻油，炒匀，盛出放在芥菜上即可。

胡萝卜炒木耳

●难易度：★ ☆ ☆ ●功效：降低血压

烹饪时间
Time
2分钟

🍴 原 料

胡萝卜100克，水发木耳70克，葱段、蒜末各少许

🍴 调 料

盐3克，鸡粉4克，蚝油10克，料酒5毫升，水淀粉7毫升，食用油适量

🍴 烹饪小提示

将胡萝卜放入沸水中焯煮，既可以缩短炒制的时间，还能保持其色泽。

🍳 做 法

① 木耳洗净，切小块；胡萝卜洗净去皮，切成片。

② 沸水锅加盐、鸡粉、木耳、食用油、胡萝卜片，煮至断生捞出。

③ 热油爆香蒜末，倒入木耳和胡萝卜，加料酒、蚝油，炒至八成熟。

④ 加入盐、鸡粉、水淀粉、葱段，炒至熟透、入味，盛出即成。

烹饪时间
Time
1分30秒

小炒黑木耳丝

◎难易度：★☆☆　◎功效：益气补血

原 料

水发黑木耳150克，红椒15克，姜片、蒜末、葱白各少许

调 料

豆瓣酱、盐、鸡粉、料酒、水淀粉、食用油各适量

做 法

1.黑木耳洗净切丝；红椒洗净切开，去籽切丝。2.锅中注水烧开，放入少许食用油，倒入木耳丝，煮约1分钟，捞出。3.起油锅，爆香蒜末、姜片、葱白、红椒，放入木耳丝，炒匀。4.加入料酒、盐、鸡粉、豆瓣酱，翻炒入味，倒入水淀粉勾芡，盛出装盘即成。

芝麻拌黑木耳

◎难易度：★☆☆　◎功效：降低血压

原 料

水发黑木耳70克，彩椒50克，香菜20克，熟白芝麻少许

调 料

盐3克，鸡粉2克，陈醋5毫升，芝麻油2毫升，生抽5毫升，食用油适量

做 法

1.黑木耳洗净切小块；彩椒洗净切小块；香菜洗净切段。2.锅中注水烧开，加入盐、食用油，放入黑木耳，倒入彩椒块，煮至食材熟透，捞出。3.将木耳和彩椒装入碗中，加入适量盐、鸡粉，放入香菜段，淋入陈醋，倒入芝麻油、生抽。4.拌匀调味，盛出装盘，撒上白芝麻即成。

烹饪时间
Time
2分30秒

烹饪时间
Time
1分钟

芹菜炒黄豆

●难易度：★☆☆ ●功效：降低血压

原 料

熟黄豆220克，芹菜梗80克，胡萝卜30克

调 料

盐3克，食用油适量

烹饪小提示

制作熟黄豆时，加入少许香料一起烹饪，这样可以使此道菜肴别具风味。

做 法

① 芹菜梗洗净，切成小段；胡萝卜洗净去皮，切成丁。

② 锅中注水烧开，加少许盐，倒入胡萝卜丁，煮约1分钟至其断生后捞出。

③ 起油锅，倒入芹菜，翻炒至芹菜变软。

④ 再倒入胡萝卜丁，放入熟黄豆，快速翻炒一会儿。

⑤ 加入适量盐，炒匀调味，盛出装盘即成。

豌豆炒口蘑

◉难易度：★ ☆ ☆ ◉功效：清热解毒

◉ 原 料

口蘑65克，胡萝卜65克，豌豆120克，彩椒25克

◉ 调 料

盐、鸡粉各2克，水淀粉、食用油各适量

烹饪时间
Time
2分钟

◉ 烹饪小提示

焯煮豌豆时，可以加入少许食用油，能使其色泽更好看。

◉ 做 法

❶ 胡萝卜洗净去皮，切丁块；口蘑洗净切薄片；彩椒洗净切丁块。

❷ 沸水锅中倒入口蘑、豌豆、胡萝卜、彩椒，煮至断生，捞出。

❸ 用油起锅，倒入焯过水的材料，炒匀。

❹ 加入盐、鸡粉、水淀粉，炒匀，关火后盛出炒好的菜肴即可。

干煸豆角

●难易度：★☆☆　●功效：保肝护肾

烹饪时间
Time
2分钟

◎ 原料

豆角300克，朝天椒20克，干辣椒15克，花椒3克，大蒜8克

◎ 调料

盐、味精、陈醋各适量

◎ 烹饪小提示

豆角一定要彻底煮熟再食用，以防止中毒。因为豆角含有皂角和植物凝集素，它们对胃肠黏膜有较强的刺激作用。

◎ 做法

❶ 豆角洗净切段；大蒜洗净切末；朝天椒洗净切圈。

❷ 热锅注油烧热，倒入豆角拌匀，小火炸约1分钟至熟，捞出。

❸ 锅留底油，倒入备好的蒜末、干辣椒、花椒煸香。

❹ 倒入豆角，加入盐、味精、陈醋，炒至熟透，盛入盘内即成。

烹饪时间
Time
10分钟

川香豆角

◎难易度：★☆☆ ◎功效：益气补血

🔻 原 料

豆角350克，蒜末5克，干辣椒3克，花椒8克，白芝麻10克

🍶 调 料

盐2克，鸡粉3克，蚝油适量

🥢 做 法

1.豆角洗净切段。2.起油锅，爆香蒜末、花椒、干辣椒，加入豆角，炒匀。3.倒入少许清水，翻炒约5分钟至熟。4.加入盐、蚝油、鸡粉，翻炒约3分钟至入味。5.盛出，装入盘中，撒上白芝麻即可。

豆角烧茄子

◎难易度：★★☆ ◎功效：降低血压

🔻 原 料

豆角130克，茄子75克，肉末35克，红椒25克，蒜末、姜末、葱花各少许

🍶 调 料

盐、鸡粉各2克，白糖少许，料酒4毫升，水淀粉、食用油各适量

🥢 做 法

1.豆角洗净切长段；茄子洗净切长条；红椒洗净切碎末。2.热锅注油烧热，倒入茄条炸至变软，捞出；油锅中再倒入豆角，炸至呈深绿色，捞出。3.起油锅，倒入肉末，炒至变色，撒上姜末、蒜末，炒香，倒入红椒末，炒匀。4.倒入炸过的食材，加入盐、白糖、鸡粉、料酒，炒匀，用水淀粉勾芡，盛出，撒上葱花即成。

烹饪时间
Time
2分30秒

① 锅中注水烧开，放入盐、食用油，倒入四季豆，搅匀，煮至断生，捞出。

② 热锅注油烧热，倒入辣椒酱、黄豆酱，爆香。

③ 倒入少许清水，放入四季豆，翻炒均匀。

④ 加入少许盐，炒匀调味，加盖，小火焖5分钟至食材熟透。

⑤ 揭盖，倒入葱段，翻炒一会儿，盛出，装入盘中，放上蒜末即可。

烹饪时间
Time
5分30秒

酱焖四季豆

●难易度：★☆☆　●功效：增强免疫力

🍖 **原　料**
四季豆350克，蒜末10克，葱段适量

🥢 **调　料**
黄豆酱15克，辣椒酱5克，盐、食用油各适量

👨‍🍳 **烹饪小提示**

为防止中毒，四季豆食前应加处理，可用沸水焯透或热油煸，直至变色熟透，方可安全食用。

椒麻四季豆

◉难易度：★☆☆ ◉功效：防癌抗癌

◎ 原 料

四季豆200克，红椒15克，花椒、干辣椒、葱段、蒜末各少许

◎ 调 料

盐3克，鸡粉2克，生抽3毫升，料酒5毫升，豆瓣酱6克，水淀粉、食用油各适量

烹饪时间
Time
1分30秒

◎ 烹饪小提示

烹饪前要先摘除四季豆的筋，否则会影响口感，还不容易消化。

✎ 做 法

1 四季豆洗净，去除头尾，切小段；红椒洗净去籽，切小块。

2 锅中注水烧开，加少许盐、食用油，倒入四季豆，煮至熟软，捞出。

3 热油炒匀花椒、干辣椒、葱段、蒜末、红椒、四季豆，加入盐。

4 调入料酒、鸡粉、生抽、豆瓣酱，倒入水淀粉，炒至入味即可。

胡萝卜炒豆芽

●难易度：★ ☆ ☆ ●功效：降低血脂

🍄 原 料

胡萝卜150克，黄豆芽120克，彩椒40克，葱、蒜蓉、姜丝各少许

🍵 调 料

盐3克，味精、白糖、料酒、水淀粉、食用油各适量

🍲 烹饪小提示

油和盐不宜用太多，应尽量保持黄豆芽清淡及爽口的特点。

🍴 做 法

❶ 胡萝卜、彩椒均洗净切细条；葱洗净切段，待用。

❷ 沸水锅中加盐、食用油、胡萝卜、黄豆芽、彩椒，煮至熟，捞出。

❸ 起油锅，爆香姜丝、葱段、蒜蓉，放入焯煮好的食材，翻炒匀。

❹ 加盐、白糖、味精、料酒，翻炒入味，用水淀粉勾芡，盛盘即可。

甜椒炒绿豆芽

◎难易度：★ ☆ ☆ ◎功效：清热解毒

🍲 **原 料**

彩椒70克，绿豆芽65克

🥄 **调 料**

盐、鸡粉各少许，水淀粉2毫升，食用油适量

📝 **做 法**

1.彩椒洗净切丝。2.锅中倒入适量食用油，下入彩椒，放入洗净的绿豆芽，翻炒至食材熟软。3.加入盐、鸡粉，炒匀调味，倒入适量水淀粉，炒匀入味。4.起锅，将炒好的菜盛出，装入盘中即可。

烹饪时间 Time 1分30秒

醋香黄豆芽

◎难易度：★ ☆ ☆ ◎功效：清热解毒

🍲 **原 料**

黄豆芽150克，红椒40克，蒜末、葱段各少许

🥄 **调 料**

盐2克，陈醋4毫升，水淀粉、料酒、食用油各适量

📝 **做 法**

1.红椒洗净切开，去籽切丝。2.锅中注水烧开，放入食用油、黄豆芽，煮至八成熟，捞出。3.起油锅，爆香蒜末、葱段，倒入黄豆芽、红椒，加料酒炒香。4.放入盐、陈醋，炒匀调味，倒入适量水淀粉，炒匀，盛出装盘即可。

烹饪时间 Time 2分钟

烹饪时间
Time
1分30秒

姜汁芥蓝烧豆腐

◎难易度：★☆☆ ◎功效：瘦身排毒

🍃 原料

芥蓝300克，豆腐200克，姜汁40毫升，蒜末、葱花各少许

🥄 调料

盐4克，鸡粉4克，生抽3毫升，老抽2毫升，蚝油8克，水淀粉8毫升，食用油适量

🍳 烹饪小提示

切芥蓝时可以用刀在芥蓝梗上轻轻划上小口，这样能使其更易入味，也更易于煮熟。

✍ 做 法

1. 芥蓝洗净，去除多余的叶子，将梗切段；豆腐洗净切小块。

2. 锅中注水烧开，倒入姜汁，加入食用油、盐、鸡粉，倒入芥蓝梗，煮至六成熟，捞出装盘。

3. 煎锅注油，加少许盐，放入豆腐块煎香，翻面煎至金黄色，取出装盘。

4. 起油锅，爆香蒜末，加水、盐、鸡粉、生抽、老抽、蚝油，拌匀煮沸，倒入水淀粉勾芡。

5. 盛出芡汁，浇在豆腐和芥蓝上，撒上葱花即成。

口蘑焖豆腐

◉难易度：★☆☆ ◉功效：增强免疫力

烹饪时间
Time
4分30秒

原料

口蘑60克，豆腐200克，蒜末、葱花各少许

调料

盐3克，鸡粉2克，料酒3毫升，生抽2毫升，水淀粉、老抽、食用油各适量

◎ 烹饪小提示

袋装口蘑在烹饪前一定要多漂洗几遍，以去掉粘附在其上的化学物质。

✑ 做 法

① 口蘑洗净切片；豆腐洗净，切小方块。

② 沸水锅中加盐、口蘑、料酒，煮断生捞出；豆腐块焯水捞出。

③ 热油爆香蒜末，放入口蘑、水、豆腐块、生抽、盐、鸡粉、老抽。

④ 焖入味，大火收汁，倒入水淀粉炒匀，装盘，撒上葱花即可。

家常豆豉烧豆腐

●难易度：★ ☆ ☆　●功效：清热解毒

烹饪时间
Time
2分30秒

⊙ 原　料

豆腐450克，豆豉10克，蒜末、葱花各
少许，彩椒25克

⊙ 调　料

盐3克，生抽4毫升，鸡粉2克，辣椒酱6
克，水淀粉、食用油各适量

⊙ 烹饪小提示

豆腐易碎，所以翻炒豆腐时不要太用力，
以免将其炒碎。

⊙ 做　法

① 彩椒洗净切丁；豆腐洗净，切小方块。

② 沸水锅中加盐、豆腐块，焯煮约1分钟捞出。

③ 热油爆香豆豉、蒜末，下彩椒、豆腐，注水。

④ 加剩余调料拌匀，盛出，撒上葱花即可。

烹饪时间
Time
2分30秒

宫保豆腐

◎难易度：★★☆ ◎功效：增强免疫力

原 料

黄瓜200克，豆腐300克，酸笋、胡萝卜、水发花生米、红椒、姜片、蒜末、葱段、干辣椒各适量

调 料

盐4克，鸡粉2克，豆瓣酱15克，生抽、陈醋各5毫升，辣椒油6毫升，水淀粉4毫升，食用油适量

做 法

1.黄瓜、胡萝卜、酸笋、红椒均洗净切丁；豆腐洗净切块。2.沸水锅中加盐、豆腐块，焯水捞出；酸笋、胡萝卜入沸水中，煮断生捞出；花生米焯水后入油锅滑油。3.锅留油，爆香干辣椒、姜片、蒜末、葱段，倒入红椒、黄瓜、酸笋、胡萝卜、豆腐块。4.加豆瓣酱、生抽、鸡粉、盐、辣椒油、陈醋、花生米、水淀粉，炒入味即可。

可乐豆腐

◎难易度：★☆☆ ◎功效：清热解毒

原 料

豆腐400克，可乐300毫升，蒜末、葱丝各少许

调 料

盐2克，水淀粉4毫升，食用油适量

做 法

1.洗净的豆腐切成长方块，备用。2.锅中倒油烧热，放入豆腐块，轻轻翻搅匀，使豆腐受热均匀，炸3分钟，捞出。3.炒锅注油烧热，爆香蒜末、葱丝，倒入可乐、豆腐，翻炒至汤汁沸腾。4.加入适量盐，炒匀调味，倒入少许水淀粉，炒匀，使豆腐裹匀芡汁。5.关火后盛出煮好的豆腐，装盘即可。

烹饪时间
Time
2分30秒

做 法

①豆腐干洗净切成丝；择洗好的扁豆切成丝；红椒洗净切开，去籽，再切成丝。

②锅中注水烧热，放入少许盐、食用油，倒入扁豆，煮至八成熟后捞出。

③热锅注油烧热，倒入豆腐干，轻轻搅动，炸约半分钟，捞出。

④起油锅，爆香姜片、蒜末、葱白，倒入扁豆丝、豆腐干，翻炒片刻。

⑤加入盐、鸡粉，炒匀调味，倒入红椒丝，放入水淀粉，炒至熟透、入味，盛出即成。

烹饪时间
Time
2分钟

扁豆丝炒豆腐干

◉难易度：★☆☆　◉功效：增强免疫力

原料

豆腐干100克，扁豆120克，红椒20克，姜片、蒜末、葱白各少许

调料

盐3克，鸡粉2克，水淀粉、食用油各适量

烹饪小提示

扁豆入锅焯煮的时间不宜过长，以免煮得过老，影响成品的口感和外观。

豆腐干炒苦瓜

◉难易度：★☆☆ ◉功效：清热解毒

🍲 原 料

苦瓜250克，豆腐干100克，红椒30克，姜片、蒜末、葱白各少许

🍯 调 料

盐、鸡粉各2克，白糖3克，水淀粉、食用油各适量

烹饪时间
Time
2分30秒

🍳 烹饪小提示

豆腐干用小火炸一小会儿即可，以免炸久后，豆腐干太硬。

🍴 做 法

❶ 苦瓜洗净去瓤，切丝；豆腐干洗净切粗丝；红椒洗净去籽，切丝。

❷ 用油起锅，倒入豆腐干，搅动片刻，待其散发出香味后捞出。

❸ 热油爆香姜片、蒜末、葱白，倒入苦瓜，加盐、白糖、鸡粉、水。

❹ 炒至变软，放入豆腐干、红椒、水淀粉，炒至熟透即可。

红油腐竹

●难易度：★☆☆　●功效：清热解毒

🥗 原 料

腐竹段80克，青椒45克，胡萝卜40克，姜片、蒜末、葱段各少许

🧂 调 料

盐、鸡粉各2克，生抽4毫升，辣椒油6毫升，豆瓣酱7克，水淀粉、食用油各适量

🔪 做 法

1.胡萝卜洗净切薄片；青椒洗净去籽，切小块。2.锅中注水烧开，放入食用油、胡萝卜、青椒，煮约1分钟，捞出。3.起油锅，倒入腐竹段，拌匀，炸约半分钟，捞出。4.锅留油，爆香姜片、蒜末、葱段，放入腐竹段、焯过水的材料，炒匀，注水。5.调入生抽、辣椒油、豆瓣酱、盐、鸡粉，焖至熟，倒入水淀粉炒匀即可。

豉汁蒸腐竹

●难易度：★☆☆　●功效：益智健脑

🥗 原 料

水发腐竹300克，豆豉20克，红椒30克，葱花、姜末、蒜末各少许

🧂 调 料

生抽5毫升，盐、鸡粉各少许，食用油适量

🔪 做 法

1.洗净的红椒切开去籽，切条，再切粒；泡发好的腐竹切成长段。2.热锅注油烧热，爆香姜末、蒜末、豆豉，倒入红椒粒，放入少许生抽、鸡粉、盐，炒匀。3.关火后将炒好的材料浇在腐竹上，待用。4.蒸锅上火烧开，放入腐竹，盖上锅盖，大火蒸20分钟至入味。5.掀开锅盖，将腐竹取出，撒上葱花即可。

彩椒拌腐竹

⊙难易度：★☆☆ ⊙功效：降低血糖

烹饪时间
Time
3分钟

🍲 烹饪小提示

腐竹宜用温水泡发，不能用热水，否则腐竹会碎掉。

🍴 原料

水发腐竹200克，彩椒70克，蒜末、葱花各少许

📋 调料

盐3克，生抽2毫升，鸡粉2克，芝麻油2毫升，辣椒油3毫升，食用油适量

✒ 做 法

❶ 洗净的彩椒切成丝，备用。

❷ 沸水锅中加食用油、盐，倒入腐竹，煮沸，放入彩椒，煮至熟。

❸ 捞出焯煮好的腐竹和彩椒，装碗，再放入备好的蒜末、葱花。

❹ 加入盐、生抽、鸡粉、芝麻油、辣椒油，拌至入味，盛出装盘即可。

凉拌卤豆腐皮

◉难易度：★☆☆ ◉功效：增高助长

烹饪时间
Time
24分钟

🥄 原 料
| 豆腐皮230克，黄瓜60克，卤水350毫升

🍶 调 料
| 芝麻油适量

🍲 烹饪小提示
卤制豆腐皮前可以先将豆腐皮放入沸水锅中焯煮片刻，以去除其豆腥味。

✎ 做 法

❶ 豆腐皮洗净切细丝；黄瓜洗净切丝。

❷ 锅中倒入卤水，放入豆腐皮，拌匀，烧开后转小火卤约20分钟至熟。

❸ 关火后将卤好的豆腐皮倒入碗中，放凉后滤去卤水。

❹ 豆腐皮装碗，加黄瓜、芝麻油，拌匀，装入用黄瓜装饰的盘中即可。

✅ 做 法

① 胡萝卜洗净去皮，切丝。

② 豆皮切方片，再切丝。

③ 锅中注水烧开，放入少许盐，倒入胡萝卜、豆皮丝，搅匀，煮半分钟，捞出。

④ 起油锅，爆香蒜末，倒入洗好的豌豆苗，炒至熟软，放入胡萝卜和豆皮，炒匀。

⑤ 加入生抽、鸡粉、盐，放入葱花，炒匀调味，淋入水淀粉，炒匀，盛出装盘即可。

烹饪时间
Time
1分30秒

豌豆苗炒豆皮丝

◉难易度：★ ☆ ☆　◉功效：降低血压

🥢 原 料

豌豆苗100克，豆皮200克，胡萝卜25克，蒜末、葱花各少许

🍚 调 料

盐3克，鸡粉2克，生抽5毫升，水淀粉5毫升，食用油适量

🍲 烹饪小提示

豌豆苗的质地比较柔嫩，故不宜炒制太久，否则会失去其清甜的味道。

黄瓜拌豆皮

◉难易度：★☆☆ ◉功效：降压降糖

◎ 原 料

黄瓜120克，豆皮150克，红椒25克，蒜末、葱花各少许

◎ 调 料

盐3克，鸡粉2克，生抽4毫升，陈醋6毫升，芝麻油、食用油各适量

烹饪时间
Time
4分钟

◎ 烹饪小提示

豆皮尽量切得整齐一些，这样成品的样式才美观。

◎ 做 法

❶ 黄瓜洗净切细丝；红椒洗净切丝；豆皮洗净切细丝。

❷ 沸水锅中加食用油、盐，倒入豆皮、红椒丝煮至熟，捞出装碗。

❸ 碗中放入黄瓜丝、蒜末、葱花、盐、生抽、鸡粉、陈醋、芝麻油。

❹ 拌约1分钟，至食材入味，装入盘中，摆好即可。

Part 4

唇齿留香的畜肉佳肴

　　畜肉菜是一般家庭百吃不厌的美味菜肴。常见的畜肉一般包括猪肉、牛肉、羊肉、兔肉，既可以用来小炒，又可以用来烹饪靓汤、蒸菜、凉菜等等。一盘"优秀"的畜肉菜应该具备色泽亮丽、香味醇厚、味道爽口、形态均匀、营养丰富的特点。本章将给大家介绍常见的畜肉菜，图文并茂，一看就懂。相信根据此章内容，读者必定可以触类旁通，快速烹饪出各色醇香诱人的畜肉佳肴。

白菜梗炒猪头肉

◉难易度：★★☆ ◉功效：益气补血

烹饪时间
Time
2分钟

原料

卤猪头肉300克，白菜梗110克，红椒40克，姜片、蒜末、葱段各少许

调料

盐3克，鸡粉2克，生抽4毫升，豆瓣酱10克，水淀粉4毫升，食用油适量

烹饪小提示

卤猪头肉本身有咸味，因此烹饪此菜时盐等调料可以少放一些。

做法

① 洗净的红椒、白菜梗分别切块；卤猪头肉切成片。

② 水烧开，加盐、白菜梗煮半分钟，捞出。

③ 起油锅，倒猪肉炒出油，倒生抽、姜片、蒜末、葱段炒匀。

④ 倒红椒、豆瓣酱、白菜梗、盐、鸡粉、水淀粉炒匀即可。

烹饪时间
Time
3分钟

肉末干煸四季豆

◎难易度：★☆☆ ◎功效：益气补血

◯ **原 料**

四季豆170克，肉末80克

◯ **调 料**

盐2克，鸡粉2克，料酒5毫升，生抽、食用油各适量

◯ **做 法**

1.将洗净的四季豆切成长段。2.热锅注油，烧至六成热，放入四季豆，拌匀，用小火炸2分钟，捞出，沥干油。3.锅底留油烧热，倒入肉末炒匀，加入料酒炒香。4.倒入生抽炒匀，放入四季豆炒匀，加入少许盐、鸡粉，炒匀调味即可。

酱汁狮子头

◎难易度：★★★ ◎功效：增强免疫力

◯ **原 料**

肉末700克，蒜末、姜末各15克，葱花10克，生粉20克，柱侯酱20克

◯ **调 料**

白糖、胡椒粉各1克，蚝油10克，料酒、水淀粉各5毫升，生抽7毫升，芝麻油1毫升，十三香、食用油各适量

◯ **做 法**

1.肉末中加十三香、蒜末、姜末、葱花、料酒、生抽、白糖、蚝油、生粉拌匀。2.锅注油烧热，肉末挤成肉丸，入油锅，炸黄捞出。3.锅注油，倒入蒜末、姜末、柱侯酱拌匀，加生抽、清水、狮子头、蚝油、胡椒粉拌匀，焖5分钟盛出。4.汁液加水淀粉、芝麻油、植物油拌成酱汁，浇在狮子头上，撒上葱花即可。

烹饪时间
Time
12分30秒

莲藕海带烧肉

◉难易度：★★☆　◉功效：降低血压

◉烹饪时间 Time 22分30秒

原 料

莲藕200克，海带100克，猪腱肉200克，八角6克，姜片、葱段各少许

调 料

白糖4克，水淀粉6毫升，生抽5毫升，老抽、料酒、白醋、食用油各适量

◎ 烹饪小提示

焯煮藕丁的时间不宜过久，否则藕丁会煮得过烂，影响菜肴的香脆口感。

✎ 做 法

1 洗净的莲藕切丁；洗好的海带切段；洗净的猪肉切丁。

2 水烧开，放海带煮半分钟，加藕丁、白醋煮半分钟，捞出。

3 用油起锅，放姜片、葱段、八角爆香，倒入肉丁炒变色。

4 淋料酒、生抽、老抽，加白糖、水、焯水的食材炒匀。

5 小火焖20分钟，倒入水淀粉炒匀装盘，放葱段即可。

梅干菜卤肉

◉难易度：★★☆ ◉功效：开胃消食

烹饪时间
Time
53分钟

🍳 烹饪小提示

喜欢偏辣口味的话，可以加入适量的干辣椒爆香。

🥣 原　料

五花肉250克，梅干菜150克，八角2个，桂皮10克，卤汁15毫升，姜片少许

🥢 调　料

盐、鸡粉各1克，生抽、老抽各5毫升，冰糖适量，食用油适量

🥄 做　法

❶ 洗好的五花肉切块；梅干菜切段；将五花肉汆去血水，捞出。

❷ 锅注油，倒入冰糖拌成焦糖色，注水，放八角、桂皮、姜片。

❸ 放五花肉、老抽、卤汁、生抽、盐拌匀，小火卤30分钟。

❹ 倒入梅干菜、水卤20分钟，加鸡粉拌匀，装盘即可。

肉末豆角

◎难易度：★☆☆ ◎功效：保肝护肾

烹饪时间
Time
2分30秒

🥘 原料

肉末120克，豆角230克，彩椒80克，姜片、蒜末、葱段各少许

🧂 调料

食粉2克，盐2克，鸡粉2克，蚝油5克，生抽、料酒、食用油各适量

🍲 烹饪小提示

豆角焯水时间不宜过久，否则会影响其脆嫩的口感。

🔪 做法

❶ 洗好的豆角切成段；洗净的彩椒切丁。

❷ 水烧开，放食粉、豆角煮2分钟，捞出。

❸ 用油起锅，放肉末、料酒、生抽、姜片、蒜末、葱段。

❹ 倒入彩椒、豆角、盐、鸡粉、蚝油炒匀即可。

南瓜炒卤肉

◎难易度：★★☆ ◎功效：增强免疫力

🍴 原 料

南瓜肉200克，卤猪肉185克，腐乳汁15毫升，姜片、蒜片、葱段各少许

🥣 调 料

盐少许，鸡粉2克，料酒3毫升，老抽4毫升，食用油适量

📋 做 法

1.洗净的南瓜切块；洗好的卤猪肉切片。
2.蒸锅注水烧开，放入南瓜，加盖，大火蒸10分钟至熟，取出。3.用油起锅，倒入姜片、蒜片爆香，放入卤猪肉炒匀，倒入料酒、腐乳汁炒匀。4.加入盐、鸡粉、老抽炒匀，放入南瓜，小火焖5分钟，放葱段炒匀即可。

香芋粉蒸肉

◎难易度：★★☆ ◎功效：清热解毒

🍴 原 料

香芋230克，五花肉380克，干辣椒段10克，蒸肉米粉90克，葱花、蒜泥各少许

🥣 调 料

料酒4毫升，生抽5毫升，盐2克，鸡粉2克

📋 做 法

1.洗净去皮的香芋对切开，切成片。2.处理好的五花肉切成片，摆入碗中，加入料酒、生抽、盐、鸡粉、蒜泥、蒸肉米粉、干辣椒段搅拌匀。3.取一个盘子，平铺上香芋片，倒入五花肉。4.蒸锅注水烧开，放入食材，大火蒸25分钟，取出，撒上葱花即可。

手撕包菜腊肉

◉难易度：★☆☆　◉功效：增强免疫力

烹饪时间
Time
3分钟

◉ 原 料

包菜400克，腊肉200克，干辣椒、花椒、蒜末各少许

◉ 调 料

盐2克，鸡粉2克，生抽4毫升，食用油适量

◉ 烹饪小提示

包菜洗净撕好后要沥干水分，炒的时候要用大火快速地翻炒，这样可以避免包菜炒得过熟，以及包菜出水。

◉ 做 法

❶ 将腊肉切片；洗净的包菜手撕成小块。

❷ 锅中注水烧开，放腊肉氽去多余盐分，捞出。

❸ 用油起锅，放入花椒、干辣椒、蒜末爆香。

❹ 倒入腊肉、包菜炒匀。

❺ 放盐、鸡粉炒匀，加生抽炒匀即可。

葱爆肉片

◉难易度：★ ☆ ☆　◉功效：增强免疫力

烹饪时间 Time 1分30秒

🍲 烹饪小提示

大葱的营养物质遇热会流失，最好用大火快炒，以保留其营养成分。

🔆 原 料

大葱90克，瘦肉120克

🍶 调 料

盐2克，鸡粉少许，生抽3毫升，水淀粉10毫升，食用油适量

🔪 做 法

❶ 将洗净的大葱切成薄片；洗好的瘦肉切成片，备用。

❷ 瘦肉加入盐、鸡粉、水淀粉拌匀，注油腌渍约10分钟。

❸ 用油起锅，倒入瘦肉翻炒至变色，倒入大葱炒香。

❹ 转小火，加生抽、盐翻炒至食材入味即可食用。

黄瓜炒腊肠

◉难易度：★ ☆ ☆ ◉功效：清热解毒

烹饪时间
Time
2分钟

◉ **原 料**

| 黄瓜200克，腊肠150克，朝天椒5克，葱段、姜片、蒜片各少许

◉ **调 料**

| 盐2克，鸡粉2克，水淀粉4毫升，料酒5毫升，食用油适量

◉ **烹饪小提示**

腊肠氽水的时间不宜过久，以免影响腊肠的口感。

◉ **做 法**

❶ 洗净的朝天椒切成圈；洗净的腊肠、黄瓜切成片。

❷ 锅中注入清水烧开，倒入腊肠氽煮片刻，捞出。

❸ 锅注油，烧热，倒入朝天椒、姜片、蒜片爆香。

❹ 倒腊肠、黄瓜、料酒、盐、鸡粉、水淀粉、葱段炒匀即可。

咸鱼红烧肉

◎难易度：★★☆　◎功效：增强免疫力

🧭 原 料

五花肉200克，咸鱼100克，姜片、蒜末、葱段各少许

🔒 调 料

白糖3克，生抽4毫升，老抽2毫升，料酒6毫升，盐、鸡粉各2克，水淀粉、食用油各适量

📋 做 法

1.洗净的五花肉切块；咸鱼取肉，切丁，炸至金黄色。2.锅留底油，倒五花肉翻炒变色，加白糖、生抽、老抽炒匀。3.加姜片、蒜末、咸鱼、料酒、盐、鸡粉炒匀调味。4.注水，小火焖约20分钟，倒入水淀粉勾芡，盛出，点缀葱段即可。

干煸芹菜肉丝

◎难易度：★☆☆　◎功效：益气补血

🧭 原 料

猪里脊肉220克，芹菜50克，干辣椒8克，青椒20克，红小米椒10克，葱段、姜片、蒜末各少许

🔒 调 料

豆瓣酱12克，鸡粉、胡椒粉各少许，生抽5毫升，花椒油、食用油、料酒各适量

📋 做 法

1.洗净的青椒、红小米椒切丝；洗净的芹菜、猪肉均切丝。2.锅注油烧热，倒肉丝煸干，盛出。3.起油锅，放干辣椒炸香味，盛出，倒入葱段、姜片、蒜末爆香。4.加豆瓣酱、肉丝、料酒、红小米椒、芹菜、青椒炒断生，加生抽、鸡粉、胡椒粉、花椒油炒匀即成。

腊肉炒葱椒

●难易度：★★☆ ●功效：增强免疫力

烹饪时间
Time
2分钟

原料

腊肉220克，洋葱35克，青椒20克，红椒25克

调料

盐少许，鸡粉2克，生抽2毫升，料酒4毫升，食用油适量

烹饪小提示

腊肉放入沸水锅中氽水的时间可以稍微长一些，这样能减轻菜肴的咸味。

做 法

❶ 洗净的腊肉切片；洗好的洋葱切块。

❷ 洗净的红椒、青椒去籽，切片。

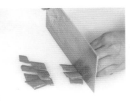

❸ 锅注水烧开，倒入肉片氽去多余盐分，捞出。

❹ 用油起锅，倒入肉片炒香，放入洋葱、青椒、红椒炒软。

❺ 加料酒、生抽、盐、鸡粉炒熟即可。

酱爆肉丁

●难易度：★ ☆ ☆　●功效：开胃消食

🕙 **烹饪时间**
Time
2分钟

🥘 **烹饪小提示**

肉丁已经过油，炒制的时间不宜久，以免影响口感。

🍲 **原　料**

里脊肉250克，黄瓜100克，葱段5克，蒜末10克

🍶 **调　料**

甜面酱15克，生粉10克，白糖2克，鸡粉2克，料酒5毫升，食用油适量

🍳 **做　法**

❶ 洗净的黄瓜、肉切丁；肉加料酒、生粉、水、油腌渍5分钟。

❷ 锅注油烧热，倒入肉丁翻炒至肉丁转色，盛出。

❸ 锅底留油，倒入蒜末、甜面酱爆香，倒入黄瓜炒匀。

❹ 倒入清水、肉丁、白糖、鸡粉、葱段炒入味即可。

可乐排骨

◉难易度：★★☆ ◉功效：补钙

◉ 原 料

排骨块400克，可乐200毫升，姜片、蒜末、葱段各少许

◉ 调 料

盐2克，鸡粉2克，生抽3毫升，料酒4毫升，水淀粉3毫升，食用油适量

◉ 烹饪小提示

可乐不要倒入太多，以免掩盖排骨本身的鲜味。

✎ 做 法

① 锅注水烧开，倒入排骨氽煮1分30秒，捞出，备用。

② 用油起锅，放入姜片、蒜末爆香，倒入排骨炒匀。

③ 加料酒、生抽、盐、鸡粉、水、可乐，小火焖15分钟。

④ 倒入水淀粉勾芡，撒入葱段炒出葱香味即可食用。

南瓜烧排骨

◎难易度：★★☆ ◎功效：降低血脂

原 料

去皮南瓜300克，排骨块500克，葱段、姜片、蒜末各少许

调 料

盐、白糖各2克，鸡粉3克，料酒、生抽各5毫升，水淀粉、食用油各适量

做 法

1.洗净的南瓜切块；锅注水烧开，倒入排骨块汆煮片刻，捞出。2.用油起锅，倒入姜片、蒜末、葱段爆香，加入排骨、料酒、生抽、清水、盐、白糖拌匀，小火煮20分钟至熟。3.倒入南瓜，续煮10分钟，加入鸡粉、水淀粉翻炒片刻即可。

烹饪时间 Time 33分钟

海带冬瓜烧排骨

◎难易度：★★☆ ◎功效：降低血压

原 料

海带80克，排骨400克，冬瓜180克，八角、花椒、姜片、蒜末、葱段各少许

调 料

料酒8毫升，生抽4毫升，白糖3克，水淀粉2毫升，芝麻油2毫升，盐、食用油各适量

做 法

1.洗净去皮的冬瓜切块；洗好的海带切块；水烧开，倒入排骨汆去血水，捞出。2.用油起锅，放入八角、姜片、蒜末、葱段爆香，倒入排骨、花椒、料酒、生抽、水煮沸，用小火焖15分钟。3.倒入冬瓜、海带，用小火再焖10分钟，加入盐、白糖、水淀粉、芝麻油炒匀即可。

烹饪时间 Time 22分钟

🔲 做 法

① 洗净的黄瓜切丁；洗好的朝天椒切碎。

② 排骨加生抽、盐、鸡粉、料酒、生粉抓匀。

③ 锅注油烧热，放入排骨炸至呈金黄色，捞出。

④ 锅留油，倒蒜末、花椒粉、辣椒粉爆香，放朝天椒、黄瓜炒匀。

⑤ 加排骨、盐、鸡粉、料酒、辣椒油、花椒油、葱花炒匀即可。

干煸麻辣排骨

烹饪时间 Time 1分30秒

◉难易度：★★☆ ◎功效：补钙

🍖 原料

排骨500克，黄瓜200克，朝天椒30克，辣椒粉、花椒粉、蒜末、葱花各少许

🥄 调料

盐2克，鸡粉2克，生抽5毫升，生粉15克，料酒15毫升，辣椒油4毫升，花椒油2毫升，食用油适量

🍲 烹饪小提示

排骨最好分开放入油锅，如果一起放入油锅中，可能会粘连在一起。

豆瓣酱蒸排骨

◎难易度：★ ☆ ☆　◎功效：增强免疫力

烹饪时间
Time
32分钟

烹饪小提示

豆瓣酱本身有咸味，所以菜里可少放或不放盐。

原　料

排骨400克，豆瓣酱40克，淀粉25克，葱段、姜片、蒜片、香菜各少许

调　料

盐、鸡粉各2克，料酒、生抽各5毫升，蚝油5克，食用油适量

做　法

❶ 取一碗，倒入排骨、豆瓣酱、蒜片、姜片、葱段。

❷ 加入料酒、生抽、盐、鸡粉、蚝油、淀粉，拌匀。

❸ 倒入食用油拌匀，腌渍一会儿至入味。

❹ 蒸锅烧开，放排骨，大火蒸30分钟，放上香菜即可。

豆瓣排骨

◉难易度：★ ☆ ☆　◉功效：益气补血

◉ **原　料**

排骨段300克，芽菜100克，红椒20克，姜片、葱段、蒜末各少许

◉ **调　料**

盐2克，豆瓣酱20克，料酒3毫升，生抽、鸡粉、老抽、水淀粉、食用油各适量

◉ **烹饪小提示**

排骨汆水后可以过一下冷水，这样能使其口感更佳。

◉ **做　法**

❶ 洗净的红椒切圈；水烧开，倒入排骨汆去血水，捞出。

❷ 用油起锅，放姜片、蒜末爆香，加豆瓣酱、排骨炒匀。

❸ 加芽菜、料酒、水、生抽、鸡粉、盐、老抽炒匀。

❹ 小火焖15分钟，放红椒、葱段、水淀粉炒匀即可。

烹饪时间 Time 12分钟

双椒排骨

◎难易度：★★☆　◎功效：保肝护肾

原 料

排骨段300克，红椒40克，青椒30克，花椒、姜片、蒜末、葱段各少许

调 料

豆瓣酱7克，生抽5毫升，料酒10毫升，盐2克，鸡粉2克，白糖3克，水淀粉、辣椒酱、食用油各适量

做 法

1. 洗净的青椒、红椒切块；锅注水烧开，倒入排骨煮约半分钟，捞出。2. 用油起锅，放姜片、蒜末、花椒、葱段爆香，倒入排骨、料酒、豆瓣酱、生抽、水、盐、鸡粉、白糖、辣椒酱炒匀，小火焖约10分钟。3. 倒入青椒、红椒炒至断生，倒入水淀粉炒入味即可。

玉米烧排骨

◎难易度：★☆☆　◎功效：开胃消食

原 料

玉米300克，红椒50克，青椒40克，排骨500克，姜片少许

调 料

料酒8毫升，生抽5毫升，盐3克，鸡粉2克，水淀粉4毫升，食用油适量

做 法

1. 处理好的玉米切小块；洗净的红椒、青椒切段。2. 锅注水烧开，倒入排骨汆去血水，捞出。3. 锅注油烧热，倒入姜片爆香，倒入排骨、料酒、生抽、水、玉米、盐炒片刻，小火焖25分钟。4. 倒入红椒、青椒、鸡粉炒匀，倒入水淀粉炒匀收汁即可食用。

烹饪时间 Time 27分钟

芝麻辣味炒排骨

◉难易度：★ ☆ ☆　◉功效：益气补血

烹饪时间
Time
1分30秒

◉ **原 料**

白芝麻8克，猪排骨500克，干辣椒、葱花、蒜末各少许

◉ **调 料**

生粉20克，豆瓣酱15克，盐3克，鸡粉3克，料酒、辣椒油、食用油各适量

◉ **烹饪小提示**

排骨放入油锅后要用勺子搅散，以免粘在一起。

◉ **做 法**

❶ 洗净猪排骨放盐、鸡粉、料酒、豆瓣酱、生粉抓匀。

❷ 锅注油烧热，倒入排骨，炸至排骨呈金黄色，捞出。

❸ 锅底留油，倒入蒜末、干辣椒、排骨、料酒、辣椒油炒匀。

❹ 撒葱花、白芝麻炒出香味，装入盘中即可食用。

做 法

❶ 将洗净的西红柿切成小块，备用。

❷ 锅注水烧开，放入排骨、料酒汆去血水，捞出。

❸ 用油起锅，放蒜末爆香，倒入排骨、料酒、生抽炒匀。

❹ 注水，放番茄酱、盐、白糖，小火焖煮15分钟。

❺ 放西红柿焖3分钟，倒入水淀粉炒匀装盘，撒上葱花即可。

番茄烧排骨

●难易度：★ ☆ ☆　●功效：补钙

🥄 原 料

西红柿90克，排骨350克，蒜末、葱花各少许

🍶 调 料

盐2克，白糖5克，番茄酱10克，生抽、料酒、水淀粉、食用油各适量

◎ 烹饪小提示

焖煮排骨时可以加入少许的白醋，这样排骨更易熟，营养价值也更高。

可乐猪蹄

◉难易度：★★☆ ◉功效：美容养颜

烹饪时间 Time 23分钟

◉ **原 料**

猪蹄400克，可乐、红椒、葱段、姜片适量

◉ **调 料**

盐3克，鸡粉2克，白糖2克，料酒、生抽、水淀粉、芝麻油、食用油各适量

◉ **做 法**

1.洗净的红椒切片；水烧开，放猪蹄、料酒氽去血水，捞出。2.锅注油，放姜片、葱段、猪蹄、生抽、料酒、可乐炒匀。3.加盐、白糖、鸡粉炒匀，小火焖20分钟，夹出葱段、姜片。4.倒入红椒片、水淀粉、芝麻油炒出香味即可。

香菇炖猪蹄

◉难易度：★★☆ ◉功效：降低血脂

◉ **原 料**

猪蹄块280克，上海青100克，鲜香菇60克，姜片、蒜末、葱段各少许

◉ **调 料**

盐3克，鸡粉2克，白糖3克，豆瓣酱10克，生抽8毫升，料酒20毫升，白醋10毫升，老抽3毫升，水淀粉5毫升，食用油适量

◉ **做 法**

1.洗净的香菇切块；洗好的上海青对半切开。2.沸水锅加油、上海青煮1分钟捞出，倒入猪蹄、料酒、白醋煮沸，捞出。3.锅倒油烧热，放入姜片、蒜末、葱段爆香，倒入猪蹄、料酒、豆瓣酱、生抽、水、香菇、盐、鸡粉、白糖、老抽炒匀，焖25分钟，加水淀粉炒匀；上海青摆盘，倒入食材即可。

烹饪时间 Time 27分钟

酱烧猪蹄

●难易度：★ ☆ ☆　●功效：美容养颜

🍴 原 料

猪蹄400克，葱条、蒜片、姜片各10克

🍶 调 料

盐3克，料酒3毫升，白醋、糖色、鸡粉、味精、白糖、食用油各适量

烹饪时间
Time
3分30秒

🕐 烹饪小提示

可以用牙签在猪蹄上扎孔，更利于入味，且易熟烂。

✒ 做 法

❶ 切好的猪蹄加白醋，煮熟，捞出装碗，加糖色抓匀。

❷ 锅倒油，倒猪蹄略炸，捞出。

❸ 锅留油，爆香姜、蒜片、葱条，倒猪蹄、料酒、糖色、水稍煮。

❹ 加盐、味精、白糖、鸡粉炒匀，慢火收汁即成。

花生煲猪尾

◎难易度：★ ☆ ☆　◎功效：益气补血

烹饪时间
Time
62分钟

○ **原 料**

花生米30克，猪尾300克，姜片少许

○ **调 料**

盐3克，鸡粉2克，料酒适量

◎ **烹饪小提示**

花生米可提前泡发，这样可减少烹煮的时间。

○ **做 法**

① 锅注水烧开，倒入猪尾、料酒汆去血水，捞出。

② 砂锅注水烧开，倒入猪尾、花生米，淋入料酒。

③ 盖上盖，用大火煮1小时至食材熟透。

④ 揭盖，放入盐、鸡粉拌匀调味，装入碗中即可。

🔄 做 法

1 洗净的猪尾斩段；水烧开，倒入料酒、猪尾氽水，捞出。

2 锅倒水烧开，加油、上海青，焯烫半分钟，捞出装盘。

3 锅注油烧热，放白糖小火炒匀，倒入猪尾、南乳炒匀。

4 放红曲米、八角、姜末、蒜末、葱段、料酒、盐、鸡粉炒匀。

5 倒水、老抽小火焖30分钟，倒入水淀粉炒匀，盛出即可。

烹饪时间
Time
33分钟

红烧猪尾

●难易度：★ ★ ★ ●功效：美容养颜

➕ 原料

猪尾350克，上海青80克，红曲米、八角、姜末、蒜末、葱段各少许

🔒 调料

盐2克，鸡粉2克，南乳10克，老抽3毫升，白糖、料酒、水淀粉、食用油各适量

🔵 烹饪小提示

在氽煮猪尾的时候，加入几块姜片，可以有效地清除猪尾的腥味。

葱香猪耳朵

◉难易度：★☆☆　◉功效：益气补血

烹饪时间
Time
2分30秒

🥢 原　料

卤猪耳丝150克，葱段25克，红椒片、姜片、蒜末各少许

🍶 调　料

盐2克，鸡粉2克，料酒3毫升，生抽4毫升，老抽3毫升，食用油适量

🍽 烹饪小提示

切猪耳时最好切得薄厚一致，这样更易入味。

🥄 做　法

① 用油起锅，倒入猪耳炒松散，淋入料酒、生抽炒匀。

② 放入老抽、红椒、姜片、蒜末炒匀。

③ 注水炒至变软，撒上葱段炒出香味。

④ 加入适量盐、鸡粉炒匀即可。

📋 做 法

1 酸豆角的两头切长段；洗净的朝天椒切圈；卤猪耳切片。

2 锅注水烧开，倒入酸豆角煮1分钟，捞出。

3 用油起锅，倒入猪耳炒匀，淋入生抽、老抽，炒香。

4 撒上蒜末、葱段、朝天椒、酸豆角炒匀。

5 加入盐、鸡粉炒匀调味，倒入水淀粉勾芡即可。

烹饪时间
Time
⏰ 2分钟

酸豆角炒猪耳

◉难易度：★ ☆ ☆　◉功效：开胃消食

🍲 **原 料**

卤猪耳200克，酸豆角150克，朝天椒10克，蒜末、葱段各少许

🧂 **调 料**

盐2克，鸡粉2克，生抽3毫升，老抽2毫升，水淀粉10毫升，食用油适量

🍳 烹饪小提示

可以将酸豆角用清水泡一会儿，再进行烹饪，这样能减轻酸豆角的酸味。

泡椒爆猪肝

◉难易度：★★☆ ◉功效：益气补血

烹饪时间
Time
2分钟

原料

猪肝200克，水发木耳80克，胡萝卜60克，青椒20克，泡椒、姜片、蒜末、葱段各少许

调料

盐4克，鸡粉3克，料酒10毫升，豆瓣酱8克，水淀粉10毫升，食用油适量

做法

1.洗好的木耳、青椒切块；去皮的胡萝卜切片；泡椒对半切开；处理干净的猪肝切片，放盐、鸡粉、料酒、水淀粉腌渍。2.水烧开，加盐、油、木耳、胡萝卜煮熟捞出。3.起油锅，爆香姜葱蒜，倒猪肝炒色，加料酒、豆瓣酱、木耳、胡萝卜、青椒、泡椒、水淀粉、盐、鸡粉炒匀。

烹饪时间
Time
3分30秒

酱爆猪肝

◉难易度：★★☆ ◉功效：保肝护肾

原料

猪肝500克，茭白250克，青椒20克，红椒20克，蒜末、葱白、姜末、甜面酱各适量

调料

盐2克，鸡粉1克，料酒、水淀粉各5毫升，生抽、老抽、芝麻油、食用油各适量

做法

1.猪肝浸泡1小时；洗净的青椒、红椒切块；洗净的茭白去皮切片；猪肝切片，加入盐、生抽、料酒、水淀粉腌渍。2.锅注油，倒入猪肝炒匀，盛出；锅注油，倒入茭白炒约1分钟，盛出。3.锅注油，倒入蒜末、姜末炒拌，放甜面酱、猪肝、茭白、红椒、青椒、盐、鸡粉、老抽炒入味，加入水淀粉、芝麻油、葱白炒匀即可。

菠菜炒猪肝

●难易度：★★☆ ●功效：增强免疫力

烹饪时间
Time
2分30秒

📀 烹饪小提示

猪肝不宜炒得太嫩，否则有毒物质就会残留在其中，对健康不利。

⊙ 原 料

菠菜200克，猪肝180克，红椒10克，姜片、蒜末、葱段各少许

📀 调 料

盐2克，鸡粉3克，料酒7毫升，水淀粉、食用油各适量

📀 做 法

❶ 洗净的菠菜切段；洗好的红椒切块；洗净的猪肝切片。

❷ 猪肝放盐、鸡粉、料酒、水淀粉抓匀，注油腌渍10分钟。

❸ 用油起锅，放姜片、蒜末、葱段、红椒，炒香。

❹ 倒入猪肝、料酒、菠菜炒熟，加盐、鸡粉、水淀粉炒匀即可。

香菜炒猪腰

◎难易度：★★☆ ◎功效：开胃消食

烹饪时间
Time
2分30秒

🍳 **原 料**

猪腰270克，彩椒25克，香菜120克，姜片、蒜末各少许

🍶 **调 料**

盐3克，生抽5毫升，白糖3克，鸡粉2克，料酒、水淀粉、食用油各适量

◎ **烹饪小提示**

香菜炒至八成熟即可出锅，这样能保持其香味。

✍ **做 法**

❶ 洗净的香菜切段；洗好的彩椒切丝；处理好的猪腰切条。

❷ 猪腰加盐、料酒、水淀粉、食用油拌匀，腌渍约10分钟。

❸ 用油起锅，放入姜片、蒜末爆香，倒入猪腰、料酒炒匀。

❹ 放彩椒、盐、生抽、白糖、鸡粉、水淀粉、香菜炒好即可。

做 法

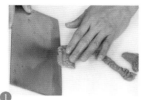

❶ 洗净的彩椒切块；洗好的猪腰切上麦穗花刀，切片。

❷ 猪腰放盐、鸡粉、料酒、生粉拌匀，腌渍10分钟。

❸ 水烧开，放盐、油、彩椒煮断生捞出，倒入猪腰汆至变色捞出。

❹ 锅倒油烧热，放姜末、蒜末、葱段爆香，倒入猪腰、料酒炒匀。

❺ 放彩椒、盐、鸡粉、蚝油、水淀粉翻炒即可。

彩椒炒猪腰

◎难易度：★ ★ ☆ ◎功效：保肝护肾

烹饪时间
⏰ Time
1分30秒

原料

猪腰150克，彩椒110克，姜末、蒜末、葱段各少许

调料

盐5克，鸡粉3克，料酒15毫升，生粉10克，水淀粉5毫升，蚝油8克，食用油适量

烹饪小提示

汆煮好的猪腰可以再用清水清洗一下，这样能更好地去除猪腰的异味。

荷兰豆炒猪肚

◎难易度：★★☆　◎功效：美容养颜

烹饪时间
Time
1分30秒

原 料

熟猪肚150克，荷兰豆100克，洋葱40克，彩椒35克，姜片、蒜末、葱段各少许

调 料

盐3克，鸡粉2克，料酒10毫升，水淀粉5毫升，生抽、食用油各适量

做 法

1.去皮洗净的洋葱切条；洗净的彩椒切块；熟猪肚切片。2.锅注水烧开，加油、盐、荷兰豆、洋葱、彩椒煮1分钟，捞出。3.用油起锅，放入姜片、蒜末、葱段爆香，倒入猪肚、料酒、生抽、荷兰豆、洋葱、彩椒炒均匀。4.加入鸡粉、盐、水淀粉翻炒均匀即可。

凉拌猪肚丝

◎难易度：★★☆　◎功效：增强免疫力

原 料

洋葱150克，黄瓜70克，猪肚300克，沙姜、草果、八角、桂皮、姜片、蒜末、葱花各少许

调 料

盐3克，鸡粉2克，生抽4毫升，白糖3克，芝麻油、辣椒油、胡椒粉、陈醋各适量

做 法

1.洗好的洋葱、黄瓜切丝；将洋葱煮断生，捞出。2.水烧热，放沙姜、草果、八角、桂皮、姜片、猪肚、盐、生抽，卤2小时，捞出放凉，切丝。3.猪肚放入部分黄瓜丝、盐、白糖、鸡粉、生抽、芝麻油、辣椒油、胡椒粉、陈醋、蒜末拌匀。4.取盘子，铺上剩余的黄瓜、洋葱，盛出拌好的材料，撒上葱花即可。

烹饪时间
Time
2分钟

爆炒猪肚

●难易度：★★☆ ●功效：降低血脂

烹饪时间
Time
2分钟

烹饪小提示

烹饪这道爆炒猪肚的时候，适宜用旺火快炒。

原料

熟猪肚300克，胡萝卜120克，青椒30克，姜片、葱段各少许

调料

盐、鸡粉各2克，生抽、料酒、水淀粉各少许，食用油适量

做法

1. 熟猪肚切片；洗净去皮的胡萝卜切片；洗好的青椒切片。

2. 猪肚煮约1分30秒；胡萝卜、青椒加油、盐煮至断生。

3. 用油起锅，倒入姜片、葱段爆香，放入猪肚、料酒炒香。

4. 倒胡萝卜、青椒、盐、鸡粉、生抽、水淀粉炒匀即可。

干煸肥肠

◉难易度：★ ☆ ☆　◉功效：养心润肺

🍲 原　料

熟肥肠200克，洋葱70克，干辣椒7克，花椒6克，蒜末、葱花各少许

🥄 调　料

鸡粉2克，盐2克，辣椒油适量，生抽4毫升，食用油适量

烹饪时间
Time
3分钟

🍳 烹饪小提示

处理肥肠时，要将里面的肥油刮干净，这样味道会更好。

🥢 做　法

① 洗净的洋葱切块；肥肠切段。

② 锅注油烧热，倒入洋葱拌匀，捞出。

③ 锅底留油，放蒜末、干辣椒、花椒爆香，放入油、肥肠炒匀。

④ 加生抽、洋葱、鸡粉、盐、辣椒油、葱花炒出香味即可。

⊙ 做 法

1 卤好的猪大肠切段，放入蛋黄、生粉拌匀。

2 锅注油烧热，放猪大肠炸至金黄色，捞出。

3 用油起锅，放入姜片、蒜末、花椒炒香。

4 倒入猪肠、料酒、生抽、陈醋炒匀。

5 放盐、鸡粉、孜然粉、葱花炒匀即可。

烹饪时间
Time
1分30秒

焦炸肥肠

●难易度：★ ☆ ☆ ●功效：增强免疫力

◎ 原 料

熟猪大肠80克，鸡蛋1个，花椒、姜片、蒜末、葱花各少许

◎ 调 料

盐3克，鸡粉3克，料酒10毫升，生抽5毫升，陈醋8毫升，孜然粉2克，生粉、食用油各适量

◎ 烹饪小提示

炸猪肠的时间可以稍微久一点，把里面的肥油炸出来，口感会更好。

西红柿土豆炖牛肉

●难易度：★★☆ ●功效：降低血压

烹饪时间 Time 22分钟

原料

牛肉200克，土豆150克，西红柿100克，八角、香叶、姜片、蒜末、葱段各少许

调料

盐3克，鸡粉2克，生抽12毫升，水淀粉10毫升，料酒、番茄酱、食粉、食用油各适量

做法

1.洗净去皮的土豆切丁；洗好的西红柿切块；洗净的牛肉切丁，加食粉、生抽、盐、水淀粉、油腌渍。2.锅注水烧开，倒入牛肉丁氽去血水，捞出。3.起油锅，放入姜片、蒜末、葱段、八角、香叶炒香，倒入牛肉、料酒、生抽、西红柿、土豆、盐、鸡粉、清水、番茄酱，炖20分钟，用水淀粉勾芡即可。

西蓝花炒牛肉

●难易度：★☆☆ ●功效：降低血压

原料

西蓝花300克，牛肉200克，彩椒40克，姜片、蒜末、葱段各少许

调料

盐4克，鸡粉4克，生抽10毫升，蚝油10克，水淀粉9克，料酒10毫升，食粉、食用油各适量

做法

1.洗净的西蓝花、彩椒切块；洗净的牛肉切片，放生抽、盐、鸡粉、食粉、水淀粉、油腌渍。2.锅注水烧开，放入盐、食用油、西蓝花煮1分钟，捞出。3.起油锅，放姜片、蒜末、葱段、彩椒、牛肉、料酒炒匀。4.加入生抽、蚝油、鸡粉、盐、水淀粉炒均匀，盛出，放在西蓝花上即可。

烹饪时间 Time 1分30秒

萝卜炖牛肉

◉难易度：★ ☆ ☆　◉功效：开胃消食

烹饪时间
Time
47分钟

◎ 烹饪小提示

牛肉先用清水浸泡两小时，不仅能去除牛肉中的血水，也可去除腥味。

◎ 原 料

胡萝卜120克，白萝卜230克，牛肉270克，姜片少许

◎ 调 料

盐2克，老抽2毫升，生抽6毫升，水淀粉6毫升

◎ 做 法

❶ 将洗净去皮的白萝卜、胡萝卜切成块；洗好的牛肉切成块。

❷ 锅中注水烧热，放入牛肉、姜片、老抽、生抽、盐。

❸ 煮开后用中火煮30分钟，倒入白萝卜、胡萝卜。

❹ 用中小火煮15分钟，倒入适量水淀粉炒入味即可。

川辣红烧牛肉

◉难易度：★★☆ ◉功效：益气补血

烹饪时间
Time
30分钟

🌿 原料

卤牛肉200克，土豆100克，大葱30克，干辣椒10克，香叶4克，八角、蒜末、葱段、姜片各少许

🍶 调料

生抽5毫升，老抽2毫升，料酒4毫升，豆瓣酱10克，水淀粉、食用油各适量

🍳 烹饪小提示

炸土豆时油温不宜过高，以免炸焦；卤牛肉本来就含有盐分，所以可以不放盐。

🧭 做 法

① 卤牛肉切块；洗净的大葱切段；洗好去皮的土豆切块。

② 锅注油烧热，倒入土豆炸半分钟，捞出。

③ 锅底留油，倒入干辣椒、香叶、八角、蒜末、姜片、小葱段炒香。

④ 放卤牛肉、料酒、豆瓣酱、生抽、老抽、水，煮20分钟。

⑤ 倒入土豆、大葱段续煮5分钟，倒入水淀粉勾芡即可。

粉蒸牛肉

◎难易度：★ ☆ ☆ ◎功效：益气补血

烹饪时间
Time
21分钟

🌀 **烹饪小提示**

切好的牛肉可以用刀背拍打一下，牛肉口感会更好。

🍲 **原 料**

| 牛肉300克，蒸肉米粉100克，蒜末、红椒、葱花各少许

🍶 **调 料**

| 料酒5毫升，生抽4毫升，蚝油4克，水淀粉5毫升，盐、鸡粉、食用油各适量

🔪 **做 法**

❶ 牛肉切片，加盐、鸡粉、料酒、生抽、蚝油、水淀粉、蒸肉米粉拌匀。

❷ 蒸锅上火烧开，放牛肉，大火蒸20分钟，取出。

❸ 牛肉放上蒜末、红椒、葱花。

❹ 锅注油烧热，浇在牛肉上即可。

牛肉炒鸡蛋

◎难易度：★☆☆ ◎功效：增强免疫力

烹饪时间
Time
1分30秒

🥘 原 料

牛肉200克，鸡蛋2个，葱花少许

🧂 调 料

盐2克，鸡粉2克，料酒、生抽、水淀粉、食用油各适量

🍳 烹饪小提示

切牛肉时，应逆着牛肉的纤维纹路横切，这样炒出的牛肉口感更佳。

🕐 做 法

1
洗净的牛肉切片，加生抽、盐、鸡粉、水淀粉、油腌渍。

2
鸡蛋打散调匀，加入少许盐、鸡粉、水淀粉调匀。

3
用油起锅，倒入牛肉炒至转色，淋入料酒炒香。

4
倒入蛋液拌炒至熟，撒入葱花炒出香味即可食用。

彩椒牛肉丝

◉难易度：★★☆ ◉功效：增强免疫力

原 料

牛肉200克，彩椒90克，青椒40克，姜片、蒜末、葱段各少许

调 料

盐4克，鸡粉3克，白糖3克，食粉3克，料酒8毫升，生抽8毫升，水淀粉、食用油各适量

做 法

1.洗净的彩椒切条；洗好的青椒切丝；洗净的牛肉切条，加盐、鸡粉、生抽、食粉、水淀粉、油拌匀，腌渍10分钟。2.锅倒水烧开，放食用油、盐、青椒、彩椒煮半分钟，捞出。3.锅倒油烧热，放姜片、蒜末、葱段爆香，倒入牛肉、料酒、彩椒、青椒、生抽、盐、鸡粉、白糖、水淀粉炒均匀即可。

干煸牛肉丝

◉难易度：★★☆ ◉功效：防癌抗癌

原 料

牛肉300克，胡萝卜95克，芹菜90克，花椒、干辣椒、蒜末各少许

调 料

盐4克，鸡粉3克，生抽5毫升，水淀粉5毫升，料酒、豆瓣酱、食粉、食用油各适量

做 法

1.洗好的芹菜切段；洗净去皮的胡萝卜切条；洗好的牛肉切丝，放食粉、生抽、盐、鸡粉、水淀粉、油腌渍。2.沸水锅放盐、胡萝卜煮熟捞出；锅注油，倒牛肉滑油至变色捞出。3.锅底留油，爆香花椒、干辣椒、蒜末，放胡萝卜、芹菜、牛肉、料酒、豆瓣酱、生抽、盐、鸡粉炒匀即可。

米椒拌牛肚

烹饪时间 Time 1分30秒

◉难易度：★☆☆　◉功效：益气补血

🥩 原料

牛肚200克，泡小米椒45克，蒜末、葱花各少许

🍶 调料

盐4克，鸡粉4克，辣椒油4毫升，料酒10毫升，生抽、芝麻油、花椒油各适量

🍽 烹饪小提示

泡小米椒可以切一下，味道会更浓郁；牛肚切得大小均匀一些，这样口感会比较好。

⏱ 做 法

1 锅注水烧开，倒入切好的牛肚、料酒、生抽、盐、鸡粉拌匀。

2 盖上盖，用小火煮1小时，至牛肚熟透，捞出。

3 将牛肚装入碗中，加入泡小米椒、蒜末、葱花。

4 放入少许盐、鸡粉，淋入辣椒油、芝麻油、花椒油。

5 搅拌片刻，至食材入味，装入盘中即可。

红烧牛肚

●难易度：★ ☆ ☆　●功效：益气补血

原 料

牛肚270克，蒜苗120克，彩椒40克，姜片、蒜末、葱段各少许

调 料

盐、鸡粉各2克，豆瓣酱10克，蚝油、生抽、料酒、老抽、水淀粉、食用油各适量

烹饪时间
Time
3分30秒

烹饪小提示

牛肚氽煮好后可以过一下冷水，这样吃起来更加爽口。

做 法

❶ 洗净的蒜苗切段；洗好的彩椒切块；牛肚切片，氽去异味。

❷ 起油锅，倒入姜片、蒜末、葱段爆香，倒入牛肚、料酒炒匀。

❸ 放彩椒、蒜苗梗、生抽、豆瓣酱、水、盐、鸡粉、蚝油炒匀。

❹ 加老抽、蒜苗叶、水淀粉翻炒均匀，至食材熟透即可。

家常牛肚

◉难易度：★★☆ ◉功效：增强免疫力

烹饪时间
Time
2分钟

◉ **原料**

熟牛肚200克，青椒25克，红椒15克，干辣椒、姜片、蒜末、葱白各少许

◉ **调料**

盐3克，料酒10毫升，豆瓣酱10克，生抽3毫升，鸡粉、水淀粉、食用油各适量

◉ **烹饪小提示**

洗生牛肚时，可以用盐、醋擦洗，再用清水洗净。

◉ **做法**

① 洗净的青椒、红椒切丁；牛肚切成小块。

② 锅加水烧开，加入料酒、牛肚煮片刻，捞出。

③ 用油起锅，放干辣椒、姜、蒜、葱、青椒、红椒炒匀。

④ 放牛肚、料酒、盐、鸡粉、生抽、豆瓣酱、水淀粉炒入味即可。

香干炒牛肚

◎难易度：★★☆　◎功效：益气补血

原 料

香干200克，牛肚170克，红椒35克，姜末、蒜末、葱段各少许

调 料

盐2克，鸡粉2克，料酒8毫升，生抽8毫升，豆瓣酱12克，水淀粉、食用油各适量

做 法

1.洗好的香干、牛肚、红椒切条。2.锅倒油烧热，放香干炸出香味，捞出。3.锅底留油，放入姜末、蒜末、葱段爆香，倒入牛肚、料酒、生抽、豆瓣酱、香干、红椒翻炒匀。4.加入盐、鸡粉、清水、水淀粉炒均匀即可。

烹饪时间 Time 2分30秒

凉拌牛百叶

◎难易度：★☆☆　◎功效：益气补血

原 料

牛百叶350克，胡萝卜75克，花生碎55克，荷兰豆50克，蒜末20克

调 料

盐、鸡粉各2克，白糖4克，生抽4克，芝麻油、食用油各少许

做 法

1.去皮的胡萝卜切丝；洗好的牛百叶切片；洗净的荷兰豆切丝。2.沸水锅倒入牛百叶煮1分钟，捞出，加入食用油、胡萝卜、荷兰豆焯断生，捞出。3.取盘，盛入部分胡萝卜、荷兰豆垫底。4.牛百叶加余下的胡萝卜、荷兰豆、盐、白糖、鸡粉、蒜末、生抽、芝麻油、花生碎拌匀，盛入盘即可。

烹饪时间 Time 2分30秒

烤麻辣牛筋

◉难易度：★ ☆ ☆　◉功效：养颜美容

🍲 原料

熟牛蹄筋100克

🍴 调料

烧烤粉5克，孜然粉5克，盐3克，辣椒粉5克，花椒粉3克，烧烤汁、食用油各适量

🍽 烹饪小提示

牛蹄筋要切得小一些，这样比较容易烤熟，食用时也比较容易嚼烂。

🧭 做 法

①
将熟牛蹄筋用竹签穿成串；烧烤架刷食用油。

②
将牛筋串放在烧烤架上，用中火烤3分钟至变色。

③
刷食用油，烤至香味散出，两面刷烧烤汁，用中火烤3分钟。

④
撒上烧烤粉、盐、辣椒粉、孜然粉、花椒粉，烤1分钟。

⑤
将烤好的牛蹄筋装入盘中即可。

回锅牛筋

●难易度：★★☆　●功效：益气补血

烹饪时间
Time
3分钟

烹饪小提示

可选用卤制过的牛筋来烹饪此菜，口感更佳。

原 料

牛筋块150克，青椒、红椒各30克，花椒、八角、姜片、蒜末、葱段各少许

调 料

盐2克，鸡粉2克，生抽6毫升，豆瓣酱10克，料酒、水淀粉、食用油各适量

做 法

① 洗净的青椒、红椒切块；水烧开，加盐、牛筋煮1分钟，捞出。

② 用油起锅，倒入花椒、八角、姜片、蒜末、葱段爆香。

③ 放青椒、红椒、牛筋、生抽、豆瓣酱、料酒炒出香味。

④ 倒入清水、盐、鸡粉炒匀，略煮，用水淀粉勾芡即可。

姜汁羊肉

◉难易度：★☆☆ ◉功效：保肝护肾

烹饪时间
Time
1分30秒

◉ 烹饪小提示

卤好的羊肉彻底凉透后才容易切，否则容易切散。

◉ 原料

卤羊肉150克，生姜20克，葱花少许

◉ 调料

盐2克，鸡粉、陈醋各适量

◉ 做法

❶ 把去皮洗净的生姜剁成细末；卤羊肉切成薄片。

❷ 将姜末放入小碟子中，倒入开水浸泡一小会。

❸ 加入盐、鸡粉、陈醋拌匀，调制成姜汁。

❹ 将羊肉放在盘中，浇上姜汁，再撒上葱花即成。

松仁炒羊肉

◎难易度：★★☆ ◎功效：补肾壮阳

原料

羊肉400克，彩椒60克，豌豆80克，松仁50克，胡萝卜片、姜片、葱段各少许

调料

盐4克，鸡粉4克，食粉1克，生抽5毫升，料酒10毫升，水淀粉13毫升，食用油适量

做法

1.洗净的彩椒切块；羊肉切片，加入食粉、盐、鸡粉、生抽、水淀粉拌匀，腌渍约10分钟。2.水烧热，加食用油、盐、豌豆、彩椒、胡萝卜煮至断生；松仁小火炸香；羊肉滑油至变色。3.锅底留油，放入姜片、葱段爆香，倒入焯水的食材炒匀，放入羊肉、料酒、鸡粉、盐、水淀粉炒片刻，撒松仁即可。

红酒炖羊排

◎难易度：★★☆ ◎功效：增强免疫力

原料

羊排骨段300克，芋头180克，胡萝卜块120克，芹菜50克，红酒180毫升，蒜头、姜片、葱段各少许

调料

盐2克，白糖、鸡粉各3克，生抽5毫升，料酒6毫升，食用油适量

做法

1.去皮洗净的芋头切块；洗净的芹菜切段。2.芋头炸3分钟；水烧开，放羊排骨段、料酒氽水捞出。3.起油锅，爆香羊排、蒜头、姜片、葱段，加入红酒、清水，煮30分钟。4.倒入芋头、胡萝卜、盐、白糖、生抽，续煮25分钟，倒入芹菜段、鸡粉炒匀即成。

烤羊肉串

◉难易度：★☆☆　◉功效：保肝护肾

🌾 原料

羊肉丁500克

🧂 调料

烧烤粉5克，盐3克，辣椒油、芝麻油各8毫升，生抽5毫升，辣椒粉10克，孜然粒、孜然粉各适量

🍳 烹饪小提示

穿羊肉串时，最好将肥肉和瘦肉交叉穿起，这样烤好后口感会更好。

📝 做 法

❶ 羊肉放盐、烧烤粉、辣椒粉、孜然粉、芝麻油、生抽、辣椒油。

❷ 搅拌均匀，腌渍1小时至其入味，穿成串。

❸ 烧烤架刷芝麻油，将羊肉串用大火烤2分钟至上色。

❹ 翻面，撒入孜然粒、辣椒粉，用大火烤2分钟至上色。

❺ 转动羊肉串，撒入适量孜然粉、辣椒粉即可。

香菜炒羊肉

◉难易度：★ ☆ ☆ ◉功效：开胃消食

烹饪时间
Time
3分钟

🍳 烹饪小提示

羊肉切好后可先用盐腌渍一会儿，这样口感会更好。

🍲 原 料

羊肉270克，香菜段85克，彩椒20克，姜片、蒜末各少许

🍶 调 料

盐3克，鸡粉、胡椒粉各2克，料酒6毫升，食用油适量

🔪 做 法

❶ 将洗净的彩椒切粗条；洗好的羊肉切片，再切成粗丝。

❷ 用油起锅，放入姜片、蒜末爆香，倒入羊肉、料酒炒匀。

❸ 放入彩椒炒软，转小火，加入盐、鸡粉、胡椒粉炒匀。

❹ 倒入香菜段，炒至其散出香味即成。

红焖兔肉

◉难易度：★★☆　◉功效：益气补血

烹饪时间
Time
63分钟

◉ **原 料**

> 兔肉块350克，香菜15克，姜片、八
> 角、葱段、花椒各少许

◉ **调 料**

> 柱侯酱10克，花生酱12克，老抽2毫
> 升，生抽、料酒、鸡粉、食用油各适量

◉ **烹饪小提示**

兔肉可先汆煮一下再焖煮，这样能减轻
腥味。

◉ **做 法**

① 起油锅，倒入兔肉炒变色，放姜片、八角、葱段、花椒炒香。

② 加入柱侯酱、花生酱、老抽、生抽、料酒、清水。

③ 用中小火焖约1小时，加入鸡粉拌匀，用大火收汁。

④ 放入香菜梗煮至变软，装盘，撒上香菜叶即可。

Part 5

诱人滋补的禽蛋佳肴

禽蛋营养特别丰富，一直以来就被营养学家认为是"最接近母乳的蛋白质食品"，甚至被冠以"人类最好的营养源"之称。常见的禽蛋包含鸡肉、鸭肉、鸽肉、鹌鹑肉及相应的蛋类。使用禽蛋烹饪而成的菜肴大都具有美味、滋补的特点。本章精心挑选了生活最常见禽蛋佳肴，绝对是每位读者能够借鉴的禽蛋烹饪秘籍。

东安子鸡

●难易度：★ ☆ ☆　●功效：增强免疫力

烹饪时间 Time 4分30秒

🍳 原料

鸡肉400克，红椒35克，辣椒粉15克，花椒8克，姜丝30克

🥄 调料

鸡粉4克，盐4克，鸡汤30毫升，料酒、米醋、辣椒油、花椒油、食用油各适量

🍲 烹饪小提示

鸡肉还要入锅翻炒，因此余煮时不宜煮得过熟，否则鸡肉会太老。

🍴 做法

① 沸水锅放入鸡肉、料酒、鸡粉、盐，煮15分钟，捞出沥水。

② 洗净的红椒去籽切丝；鸡肉斩成小块。

③ 起油锅，爆香姜丝、花椒，放入辣椒粉、鸡肉块，略炒。

④ 加入鸡汤、米醋、盐、鸡粉、辣椒油、花椒油、红椒丝炒匀即可。

蒜香鸡块

●难易度：★☆☆ ●功效：增强免疫力

🐄 原 料

卤鸡肉500克，蒜苗60克，红椒40克，姜片、蒜末各少许

🍶 调 料

盐2克，白糖2克，鸡粉2克，辣椒油4毫升，料酒10毫升，食用油适量

🔪 做 法

1.将卤鸡肉斩块；洗净的蒜苗切段；红椒去籽切块。2.起油锅，放入蒜末、姜片，爆香，倒入鸡块、料酒，炒匀。3.加入盐、白糖、鸡粉、红椒，炒匀。4.倒入蒜苗梗、蒜苗叶、辣椒油，翻炒匀，放入盘中即可。

歌乐山辣子鸡

●难易度：★☆☆ ●功效：养颜美容

🐄 原 料

鸡腿肉300克，干辣椒30克，芹菜12克，彩椒10克，葱段、蒜末、姜末各少许

🍶 调 料

盐3克，鸡粉少许，料酒4毫升，辣椒油、食用油各适量

🔪 做 法

1.将洗净的鸡腿肉切成块；洗好的芹菜切段；洗净的彩椒切菱形片。2.热锅注油，倒入鸡块，炸香捞出，沥干油。3.起油锅，倒入姜末、蒜末、葱段爆香。4.倒入鸡块、料酒，炒香，放入干辣椒、盐、鸡粉，炒匀。5.倒入芹菜、彩椒、辣椒油，炒匀盛出即可。

茄汁莲藕炒鸡丁

●难易度：★★☆ ●功效：降低血压

🍲 原料

西红柿100克，莲藕130克，鸡胸肉200克，蒜末、葱段各少许

🧂 调料

盐3克，鸡粉少许，水淀粉4毫升，白醋8毫升，番茄酱10克，白糖10克，料酒、食用油各适量

烹饪时间
Time
1分30秒

🍳 烹饪小提示

莲藕焯水时可以加入适量白醋，这样能够防止莲藕在炒制时变黑。

✅ 做 法

① 洗净去皮的莲藕切丁；洗好的西红柿切块。

② 鸡胸肉切丁，加入盐、鸡粉、水淀粉、食用油，腌渍。

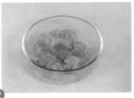

③ 锅中注水烧开，加入盐、白醋、藕丁，煮1分钟，捞出沥水。

④ 起油锅，放入蒜末、葱段，爆香，倒入鸡肉丁、料酒，略炒。

⑤ 放入西红柿、莲藕，炒匀，加入番茄酱、盐、白糖炒入味即可。

酱爆鸡丁

●难易度：★★☆ ●功效：增强免疫力

🥘 原 料

鸡脯肉350克，黄瓜150克，彩椒50克，姜末10克，蛋清20克

🥣 调 料

老抽5毫升，黄豆酱10克，水淀粉、生粉、白糖、鸡粉、料酒、盐、食用油各适量

烹饪时间
Time
3分钟

🍳 烹饪小提示

鸡肉可以多腌渍一会儿，炒制出来才会鲜嫩。

🍴 做 法

❶ 黄瓜切丁；彩椒切块；鸡肉切丁，加盐、料酒、蛋清、鸡粉、油腌渍。

❷ 热锅注油，倒入鸡肉、黄瓜、彩椒，滑油捞出，沥干油。

❸ 锅底留油，炒香姜末，放入黄豆酱、清水、白糖、鸡粉，搅匀。

❹ 倒入鸡丁、黄瓜、彩椒，炒匀，加入老抽、水淀粉，炒匀即可。

五彩鸡肉粒

◎难易度：★ ☆ ☆　◎功效：增强免疫力

烹饪时间
Time
1分30秒

◎ 原 料

鸡胸肉150克，彩椒80克，青豆100克，姜片、蒜末、葱段各少许

◎ 调 料

盐5克，鸡粉3克，料酒3毫升，水淀粉、食用油各适量

◎ 烹饪小提示

青豆焯水的时间可以长一点，以保证青豆熟透，有利于消化吸收。

◎ 做 法

❶ 洗净的彩椒切丁；鸡胸肉切丁，加盐、鸡粉、水淀粉、油腌渍。

❷ 沸水锅中放入3克盐、食用油、青豆、彩椒，煮熟，捞出。

❸ 起油锅，爆香姜片、蒜末、葱段，倒鸡肉丁炒转色，倒青豆、彩椒。

❹ 加盐、鸡粉、料酒炒匀调味，用水淀粉勾芡即可。

烹饪时间 Time 2分钟

爽口鸡肉

◉难易度：★☆☆　◉功效：养心润肺

原料

鸡胸肉70克，白果30克，菠菜15克，姜末、蒜末、葱末各少许

调料

盐3克，鸡粉2克，老抽少许，生抽3毫升，料酒5毫升，水淀粉、食用油各适量

做法

1.将洗净的菠菜切段；洗好的鸡胸肉切丁，加盐、鸡粉、水淀粉、食用油腌渍。2.沸水锅中加盐、白果，煮软，捞出沥水。3.起油锅，倒入鸡肉丁、姜末、蒜末、葱末、料酒，翻至七成熟。4.再加入生抽、白果、清水、盐、鸡粉、菠菜，拌匀。5.大火收汁，淋老抽，炒上色，用水淀粉勾芡即成。

茄汁鸡肉丸

◉难易度：★★☆　◉功效：增高助长

原料

鸡胸肉200克，荸荠肉30克

调料

盐2克，鸡粉2克，白糖5克，番茄酱35克，水淀粉、食用油各适量

做法

1.将洗好的荸荠肉剁成末；洗净的鸡胸肉切丁，入搅拌机，搅成肉末，加盐、鸡粉、水淀粉、荸荠肉拌匀。2.锅中注油烧热，将肉末分成若干小肉丸，下入锅，炸熟，捞出。3.锅底留油，放入番茄酱、白糖，拌至糖溶化，倒入肉丸，炒匀，用水淀粉勾芡即成。

烹饪时间 Time 4分钟

烹饪时间
Time
1分30秒

彩椒木耳炒鸡肉

◉难易度：★☆☆　◉功效：降低血压

🥢 原　料

彩椒70克，鸡胸肉200克，水发木耳40克，蒜末、葱段各少许

🍶 调　料

盐3克，鸡粉3克，水淀粉8毫升，料酒10毫升，蚝油4克，食用油适量

🍳 烹饪小提示

烹饪此菜时最好选用大火快炒，否则鸡胸肉容易炒老，口感变差。

✂ 做　法

❶ 洗好的木耳、彩椒均切块；洗好的鸡胸肉切片。

❷ 鸡肉加盐、鸡粉、水淀粉、食用油，腌渍。

❸ 沸水锅中加入盐、食用油、木耳、彩椒块，煮至断生，捞出。

❹ 起油锅，爆香蒜末、葱段，倒入鸡肉片、料酒，炒匀。

❺ 倒入焯过水的食材，加入盐、鸡粉、蚝油，炒匀，用水淀粉勾芡即可。

青豆烧鸡块

◉难易度：★ ☆ ☆ ◉功效：降低血压

🍲 原 料

鸡腿90克，青豆60克，彩椒50克，香菇35克，八角、花椒、姜片、葱段各少许

🥡 调 料

盐、鸡粉各2克，料酒5毫升，生抽8毫升，水淀粉、食用油各适量

烹饪时间
Time
4分30秒

🍯 烹饪小提示

余煮鸡块时，加入少许食粉，可以使鸡肉的口感更松软。

🔪 做 法

❶ 洗净的彩椒、香菇、鸡腿均切块；将鸡块余去血渍，捞出。

❷ 起油锅，爆香姜片、葱段、八角、花椒，倒入香菇、鸡块，炒匀。

❸ 加入料酒、生抽、青豆、清水、盐、鸡粉，炒匀，煮熟。

❹ 放入彩椒块，略炒，用水淀粉勾芡，装盘即成。

麻辣干炒鸡

◉难易度：★ ☆ ☆　◉功效：增强免疫力

烹饪时间
Time
2分钟

◉ 原 料

鸡腿300克，干辣椒10克，花椒7克，葱段、姜片、蒜末各少许

◉ 调 料

盐2克，鸡粉1克，生粉、料酒、生抽、辣椒油、花椒油、五香粉、食用油各适量

◎ 烹饪小提示

在炸鸡块时，油温不宜过高，否则容易将鸡腿的表面炸焦，而里面却没有熟透，影响口感。

✐ 做 法

❶ 洗净的鸡腿斩成块，加入盐、鸡粉、生抽、生粉、食用油腌渍。

❷ 锅中注油，倒入鸡块，拌匀捞出。

❸ 锅底留油，爆香葱段、姜片、蒜末、干辣椒、花椒。

❹ 倒鸡块、料酒、生抽、盐、鸡粉、辣椒油、花椒油、五香粉炒匀。

烹饪时间
Time
17分钟

土豆烧鸡块

⊚难易度：★★☆ ⊚功效：降低血压

🌀 原 料

鸡块400克，土豆200克，八角、花椒、姜片、蒜末、葱段各少许

🍶 调 料

盐2克，鸡粉2克，料酒10毫升，生抽10毫升，蚝油12克，水淀粉5毫升，食用油适量

🍴 做 法

1.洗净去皮的土豆切块；将鸡块汆去血水，捞出。2.用油起锅，放入葱段、蒜末、姜片，倒入八角、花椒、鸡块，炒匀。3.淋入料酒、生抽、蚝油，翻炒片刻，倒入土豆块，翻匀。4.加入盐、鸡粉、清水，焖15分钟，用水淀粉勾芡即可。

香菜炒鸡丝

⊚难易度：★☆☆ 功效：增强免疫力

🌀 原 料

鸡胸肉400克，香菜120克，彩椒80克

🍶 调 料

盐3克，鸡粉2克，水淀粉4毫升，料酒10毫升，食用油适量

🍴 做 法

1.洗净的香菜去根，切段；洗好的彩椒切丝。2.洗净的鸡胸肉切丝，加入盐、鸡粉、水淀粉、食用油，腌渍。3.热锅注油，倒入鸡肉丝，滑油至变色，捞出。4.锅底留油，倒入彩椒丝、鸡肉丝，放入料酒、鸡粉、盐、香菜，炒匀，装盘即可。

烹饪时间
Time
1分钟

板栗烧鸡翅

◉难易度：★☆☆　◉功效：增强免疫力

🐮 原　料

鸡中翅（对半切开）350克，板栗仁160克，花椒5克，八角2个，蒜片、葱段各10克，姜片5克

🧂 调　料

盐3克，白砂糖2克，生抽5毫升，料酒6毫升，老抽2毫升，食用油适量

🍴 做　法

1.热锅注油，放入姜片、葱段、蒜片，爆香，放入鸡中翅，煎黄。2.加入料酒、老抽、生抽，炒上色。3.倒入板栗仁、清水、八角、花椒、白砂糖，煮30分钟。4.加入盐，炒匀，装盘即可。

滑嫩蒸鸡翅

◉难易度：★☆☆　◉功效：防癌抗癌

🐮 原　料

鸡中翅200克，木耳70克，枸杞8克，姜片、葱花各少许

🧂 调　料

盐2克，鸡粉2克，生粉10克，生抽2毫升，芝麻油3毫升，料酒10毫升

🍴 做　法

1.将洗净的木耳泡发；洗好的鸡翅加枸杞、盐、鸡粉、生抽、料酒、姜片、生粉、芝麻油，抓匀。2.取一盘，放上木耳、鸡翅，放入烧开的蒸锅中，蒸10分钟。3.取出蒸好的鸡翅，在蒸好的鸡翅上撒上葱花即可。

香辣鸡翅

◉难易度：★ ☆ ☆　◉功效：增强免疫力

烹饪时间

Time

3分钟

🍳 原 料

鸡翅270克，干辣椒15克，蒜末、葱花各少许

🍶 调 料

盐3克，生抽3毫升，白糖、料酒、辣椒油、辣椒面、食用油各适量

◯ 烹饪小提示

鸡翅在炸之前用生抽、料酒、盐、白糖腌渍，不仅能去掉鸡肉的腥味，还可使鸡肉肉质变嫩。

🍴 做 法

❶ 洗净的鸡翅加入盐、生抽、白糖、料酒、腌渍。

❷ 热锅注油，放入鸡翅，炸黄色，捞出，沥干油。

❸ 锅底留油，爆香蒜末、干辣椒，放入鸡翅、料酒，炒香。

❹ 加入生抽、辣椒面、辣椒油、盐、葱花、炒香即可。

栗子枸杞炒鸡翅

◎难易度：★★☆ ◎功效：增强免疫力

烹饪时间
Time
9分30秒

🐔 原 料

板栗120克，水发莲子100克，鸡中翅200克，枸杞、姜片、葱段各少许

🥢 调 料

生抽7毫升，白糖6克，盐3克，鸡粉3克，料酒13毫升，水淀粉、食用油各适量

🍲 烹饪小提示

板栗肉如果比较大可以切成两半，这样可以节省烹饪时间。

✏️ 做 法

❶ 处理干净的鸡中翅斩块，加生抽、白糖、盐、鸡粉、料酒拌匀。

❷ 热锅注油，放入鸡中翅，炸黄，捞出。

❸ 起油锅，爆香姜片、葱段，倒鸡中翅、料酒、板栗、莲子，炒匀。

❹ 加生抽、盐、鸡粉、白糖、清水，焖7分钟，放枸杞、水淀粉炒匀。

✎ 做 法

❶ 处理干净的鸡翅划上花刀，抹上盐腌渍。

❷ 热锅注油，倒入鸡翅、姜片、蒜瓣、八角，大火炒香。

❸ 淋入料酒、生抽、清水、陈醋、老抽、白糖，炒匀。

❹ 煮开后焖5分钟至熟透，大火收汁。

❺ 将煮熟的鸡翅装盘，撒上葱花即可。

烹饪时间
🕐 Time
7分钟

酱汁鸡翅

◉难易度：★☆☆ ◉功效：开胃消食

🍖 原 料

鸡翅500克，姜片、蒜瓣、葱花、八角各少许

🧂 调 料

陈醋3毫升，老抽4毫升，白糖2克，料酒7毫升，生抽10毫升，食用油适量

◉ 烹饪小提示

大火收汁的时候最好多搅动，以免烧煳；鸡翅划伤花刀，再抹上盐，更容易入味。

麻辣鸡爪

◎难易度：★☆☆　◎功效：防癌抗癌

烹饪时间
Time
2分30秒

🥩 原料

鸡爪200克，大葱70克，土豆120克，干辣椒、花椒、姜片、蒜末、葱段各少许

🧂 调料

盐2克，料酒、老抽、鸡粉、辣椒油、芝麻油、豆瓣酱、生抽、水淀粉、食用油各适量

◎ 烹饪小提示

煸炒干辣椒的时候应用小火，否则很容易炒糊。

✒ 做法

① 洗净的大葱切段；洗净去皮的土豆切块；洗好的鸡爪斩块。

② 锅中加水烧开，加入料酒、鸡爪，汆去血水，捞出沥水。

③ 油锅中加姜、蒜、葱及干辣椒、花椒、鸡爪、料酒、土豆、生抽。

④ 倒入水、鸡粉、盐、老抽、辣椒油、芝麻油、大葱、水淀粉炒匀。

小炒鸡爪

●难易度：★★☆　●功效：防癌抗癌

原 料

鸡爪200克，蒜苗90克，青椒70克，红椒50克，姜片、葱段各少许

调 料

料酒16毫升，豆瓣酱15克，生抽5毫升，老抽3毫升，辣椒油5毫升，水淀粉5毫升，鸡粉2克，盐、食用油各适量

做 法

1.洗净的青椒切段；洗好的红椒切块；洗净的蒜苗切段；鸡爪切块。2.锅中注水烧开，倒入鸡爪、料酒，余去血水，捞出，沥干水分。3.起油锅，爆香姜片、葱段，倒入鸡爪、料酒、豆瓣酱、生抽、老抽，炒匀。4.加入清水、辣椒油，焖入味，加鸡粉、盐、青椒、红椒、蒜苗，炒匀，用水淀粉勾芡即可。

酱鸡爪

●难易度：★☆☆　●功效：美容养颜

原 料

鸡爪500克，八角2个，花椒10克，香叶2克，姜片少许

调 料

盐、白糖各1克，生抽、老抽、料酒各5毫升，泰式甜辣酱25克，食用油适量

做 法

1.沸水锅中倒入鸡爪，余煮去腥，捞出，沥干水分。2.起油锅，倒入鸡爪，煎熟捞出，沥干油分。3.另起锅，注入食用油、清水、白糖，拌至白糖溶化。4.加入清水、姜片、八角、花椒、香叶、鸡爪、盐、生抽、老抽、料酒，焖10分钟。5.倒入甜辣酱，炒匀盛出即可。

烹饪时间
Time
6分钟

山楂蒸鸡肝

●难易度：★☆☆ ●功效：开胃消食

🥬 原料

山楂50克，山药90克，鸡肝100克，水发薏米80克，葱花少许

🧂 调料

盐2克，白醋4毫升，芝麻油2毫升，食用油适量

🍳 烹饪小提示

蒸鸡肝的时间不要太长，以免蒸老了，影响口感；山药和山楂切得小一些，更容易磨碎。

🔪 做 法

① 洗净去皮的山药切成丁；洗好的山楂切成小块；处理干净的鸡肝切片。

② 取榨汁机，放入薏米、山楂、山药，将食材磨碎，装入碗中。

③ 加入鸡肝，放入盐、白醋、芝麻油，拌匀。

④ 将拌好的食材装入盘中，放入蒸锅中蒸5分钟至熟。

⑤ 把蒸熟的食材取出，撒上葱花，淋上热油即可。

胡萝卜炒鸡肝

◎难易度：★ ☆ ☆　◎功效：增强免疫力

🥗 原 料

鸡肝200克，胡萝卜70克，芹菜65克，
姜片、蒜末、葱段各少许

🍶 调 料

盐3克，鸡粉3克，料酒8毫升，水淀粉3
毫升，食用油适量

烹饪时间
Time
1分30秒

☁ 烹饪小提示

切鸡肝前，可将其用冷水浸泡再清洗干
净，以溶解鸡肝中可溶的有毒物质。

🔪 做 法

❶ 芹菜切段；去皮胡萝
卜切条；鸡肝切片，用
盐、鸡粉、料酒腌渍。

❷ 沸水锅加入盐、胡萝卜
条，焯熟捞出；鸡肝片
入沸水中汆熟捞出。

❸ 用油起锅，放入姜
片、蒜末、葱段、鸡
肝片、料酒，炒匀。

❹ 放入胡萝卜、芹菜、
盐、鸡粉、水淀粉，
炒匀，盛入盘即可。

卤水鸡胗

◉难易度：★☆☆ ◉功效：开胃消食

原 料

鸡胗250克，香料（茴香、八角、白芷、白蔻、花椒、丁香、桂皮、陈皮）、姜片、葱结适量

调 料

盐3克，老抽4毫升，料酒5毫升，生抽6毫升，食用油适量

烹饪时间
Time
27分钟

烹饪小提示

鸡胗腥味较重，氽水时可放入料酒，去腥的效果会更好。

做 法

1 锅中注水烧热，倒入处理干净的鸡胗，氽去腥味，捞出。

2 起油锅，倒入香料、姜片和葱结，爆香，放入料酒、生抽。

3 注入清水，放入鸡胗、老抽、盐，拌匀煮沸。

4 卤25分钟，关火后夹出卤熟的菜肴，装入盘，浇入卤汁即可。

烹饪时间 Time 1分30秒

爽脆鸡胗

◉难易度：★☆☆ ◉功效：开胃消食

◎ 原 料
鸡胗120克，大葱、芹菜、红椒、香菜、蒜末适量

◎ 调 料
盐4克，鸡粉5克，料酒12毫升，生抽、生粉、辣椒油、花椒粉、水淀粉、食用油各适量

◎ 做 法
1.洗净的芹菜、香菜均切段；洗净的红椒、大葱均切丝。2.处理好的鸡胗切上花刀，改切片，加入盐、鸡粉、生抽、料酒、生粉，拌匀腌渍。3.锅中注水烧开，倒入鸡胗，汆至变色，捞出。4.起油锅，爆香蒜末，放入鸡胗、料酒，炒匀。5.加入盐、鸡粉、生抽，炒匀，倒入芹菜、红椒，炒匀，加入辣椒油、花椒粉，炒匀，用水淀粉勾芡。6.放入大葱、香菜，翻炒均匀，盛出后装入盘中即可。

西芹拌鸡胗

◉难易度：★☆☆ ◉功效：清热解毒

◎ 原 料
鸡胗180克，西芹100克，红椒、蒜末各少许

◎ 调 料
料酒3毫升，鸡粉2克，辣椒油4毫升，芝麻油2毫升，盐、生抽、食用油各适量

◎ 做 法
1.洗净的西芹切块；洗好的红椒去籽，切块；洗净的鸡胗切块。2.锅中注水烧开，加入食用油、盐、西芹、红椒，煮约1分钟，捞出。3.再淋入生抽、料酒，倒入洗净切好的鸡胗，搅匀，煮约5分钟，至鸡胗熟透，捞出。4.把西芹和红椒倒入碗中，放入汆煮好的鸡胗，再放入备好的蒜末。5.加入盐、鸡粉，淋入生抽，倒入辣椒油、芝麻油，拌匀，盛入盘中即可。

烹饪时间 Time 7分30秒

烹饪时间
Time
6分钟

泡椒炒鸭肉

◉难易度：★☆☆ ◉功效：降低血脂

🌿 原 料

鸭肉200克，灯笼泡椒60克，泡小米椒40克，姜片、蒜末、葱段各少许

🔒 调 料

豆瓣酱10克，盐3克，鸡粉2克，生抽少许，料酒5毫升，水淀粉、食用油各适量

🍳 烹饪小提示

将切好的灯笼泡椒和泡小米椒浸入清水中泡一会儿再使用，辛辣的味道会减轻一些。

✎ 做 法

1 将灯笼泡椒切成小块；泡小米椒切成小段；洗净的鸭肉切成小块。

2 鸭肉块装碗，放入生抽、盐、鸡粉、料酒、水淀粉，拌匀，腌渍。

3 锅中注水烧开，倒入鸭肉块，汆水捞出。

4 起油锅，放入鸭肉块、蒜末、姜片、料酒、生抽、泡小米椒、灯笼泡椒炒匀。

5 加入豆瓣酱、鸡粉，注入水，用中火焖煮熟，加入水淀粉勾芡盛入盘中，撒上葱段即成。

蒜薹炒鸭片

●难易度：★☆☆ ●功效：增强免疫力

🥘 原 料

蒜薹120克，彩椒30克，鸭肉150克，姜片、葱段各少许

🥢 调 料

盐2克，鸡粉2克，白糖2克，生抽6毫升，料酒8毫升，水淀粉、食用油各适量

烹饪时间
Time
2分钟

🍳 烹饪小提示

鸭肉的腥味比较重，可以多加入一些料酒去腥。

🔪 做 法

❶ 洗净的蒜薹切段；洗好的彩椒去籽切条；处理干净的鸭肉切块。

❷ 鸭肉用生抽、料酒、水淀粉、食用油腌渍至其入味。

❸ 锅中注水烧开，加入食用油、盐、彩椒、蒜薹，焯熟捞出。

❹ 油锅放入姜葱、鸭肉、料酒、盐、白糖、鸡粉、生抽、水淀粉炒匀。

茭白烧鸭块

◉难易度：★☆☆　◉功效：增强免疫力

烹饪时间
Time
37分钟

◉ 原料

鸭肉500克，青椒、红椒、茭白、五花肉、陈皮、香叶、八角、沙姜、生姜、蒜头、葱段、冰糖各适量

◉ 调料

盐1克，鸡粉、料酒、生抽、食用油各适量

◉ 烹饪小提示

鸭肉烹饪前可以先氽煮一会，以去除腥味及脏污。

◈ 做法

❶ 洗净的生姜、五花肉切片；洗好的红椒、青椒切圈；洗好的茭白切块。

❷ 起油锅，爆香姜片、蒜头，放入鸭肉、葱段、五花肉，炒匀。

❸ 加入生抽、料酒、陈皮、香叶、八角、沙姜、冰糖、茭白炒匀。

❹ 注水，加盐焖熟，放入青椒、红椒、鸡粉、生抽，炒匀即可。

烹饪时间
Time
2分钟

莴笋玉米鸭丁

◉难易度：★★☆　◉功效：降低血压

◎ 原 料

鸭胸肉160克，莴笋150克，玉米粒90克，彩椒50克，蒜末、葱段各少许

◎ 调 料

盐、鸡粉各3克，料酒4毫升，生抽6毫升，水淀粉、芝麻油、食用油各适量

◎ 做 法

1.洗净去皮的莴笋切丁；洗好的彩椒切块；洗净的鸭胸肉切丁。2.鸭肉丁加入盐、料酒、生抽腌渍。3.锅注水烧开，加入盐、食用油、莴笋丁、玉米粒、彩椒块，煮断生捞出。4.起油锅，倒入鸭肉丁、生抽、料酒、蒜末、葱段，炒香。5.放入焯过水的食材、盐、鸡粉，炒匀，倒入水淀粉、芝麻油炒匀即成。

小炒腊鸭肉

◉难易度：★★☆　◉功效：清热解毒

◎ 原 料

腊鸭300克，红椒30克，青椒60克，青蒜15克，花椒5克，姜片5克，朝天椒5克

◎ 调 料

鸡粉2克，白糖、料酒、生抽、食用油各适量

◎ 做 法

1.洗净的红椒去籽，切块；洗好的青椒切圈；洗净的青蒜切段。2.锅中注水烧开，倒入腊鸭，余煮片刻，捞出，沥干水分，装入盘中。3.起油锅，倒入花椒、朝天椒、姜片、爆香，放入腊鸭，炒匀，倒入青椒、红椒，炒匀。4.加入料酒、生抽、鸡粉、白糖、炒匀，放入青蒜，翻炒约1分钟至食材熟透入味。5.关火，盛出炒好的菜肴，装入盘中即可。

烹饪时间
Time
4分钟

彩椒黄瓜炒鸭肉

◎难易度：★☆☆　◎功效：开胃消食

烹饪时间
Time
2分30秒

🐷 原 料

鸭肉180克，黄瓜90克，彩椒30克，姜片、葱段各少许

🧂 调 料

盐2克，鸡粉2克，生抽5毫升，水淀粉8毫升，料酒、食用油各适量

🍳 烹饪小提示

鸭肉所含的油脂量比较少，因此不适宜炒太久，以免影响鸭肉的口感。

✏ 做 法

① 洗净的彩椒去籽，切成块；洗好的黄瓜切成块；鸭肉去皮，切块。

② 将鸭肉装入碗中，淋入生抽、料酒，再加入水淀粉，腌渍至其入味。

③ 用油起锅，放入姜片、葱段，爆香，放入鸭肉丁、料酒、彩椒，炒匀。

④ 倒入黄瓜，加入盐、鸡粉、生抽、水淀粉，翻炒片刻，至食材入味。

⑤ 关火后盛出炒好的菜肴，装入盘中即可。

胡萝卜豌豆炒鸭丁

◉难易度：★ ☆ ☆　◉功效：保护视力

烹饪时间
Time
2分钟

🍳 原 料

鸭肉300克，豌豆120克，胡萝卜60克，圆椒、彩椒、姜片、葱段、蒜末各少许

🥢 调 料

盐3克，生抽4毫升，料酒8毫升，水淀粉、白糖、胡椒粉、鸡粉、食用油各适量

🍳 烹饪小提示

豌豆不适宜炒制过久，以免炒老了影响口感。

🍴 做 法

❶ 胡萝卜、圆椒、彩椒切丁；鸭肉切丁，用盐、生抽、料酒、水淀粉、油腌渍。

❷ 沸水锅倒入胡萝卜、豌豆、盐、食用油、彩椒、圆椒焯熟捞出。

❸ 用油起锅，放入姜片、葱段、鸭肉、蒜末、料酒，炒匀。

❹ 倒入焯过水的食材、盐、白糖、鸡粉、胡椒粉、水淀粉炒匀即可。

粉蒸鸭肉

◉难易度：★☆☆　◉功效：增强免疫力

烹饪时间
Time
30分钟

🍄 原　料

鸭肉350克，蒸肉米粉50克，水发香菇110克，葱花、姜末各少许

🥄 调　料

盐1克，甜面酱30克，五香粉5克，料酒5毫升

🍳 烹饪小提示

鸭肉蒸好后可先将汁水倒出，再倒扣入盘中。

🍴 做　法

1 取一个碗，放入鸭肉，加入盐、五香粉、料酒、甜面酱。

2 加入香菇、葱花、姜末、蒸肉米粉，搅拌片刻，装入蒸碗中。

3 蒸锅上火烧开，放入鸭肉，盖上锅盖，大火蒸30分钟至熟透。

4 掀开锅盖，将鸭肉取出，将鸭肉扣在盘中即可。

小米椒炒腊鸭

◎难易度：★☆☆ ◎功效：开胃消食

原 料

腊鸭300克，香菜25克，朝天椒30克，蒜末少许

调 料

鸡粉3克,料酒、豆瓣酱、水淀粉、食用油各适量

做 法

1.洗好的朝天椒切圈；洗净的香菜切段。
2.锅中注入适量清水烧开，倒入腊鸭，淋入少许料酒，拌匀，余去多余盐分，捞出，沥干水分。3.用油起锅，放入蒜末，爆香，放入朝天椒、腊鸭，快速翻炒匀。4.淋入少许料酒，放入豆瓣酱、鸡粉，炒匀调味。5.加入水淀粉，倒入香菜，翻炒片刻至其入味。6.将炒好的菜肴盛出，装入盘中即可。

酸豆角炒鸭肉

◎难易度：★☆☆ ◎功效：养心润肺

原 料

鸭肉500克，酸豆角180克，朝天椒40克，姜片、蒜末、葱段各少许

调 料

盐3克，鸡粉3克，白糖4克，料酒10毫升，生抽、水淀粉、豆瓣酱、食用油各适量

做 法

1.酸豆角切段；洗净的朝天椒切圈。2.沸水锅中倒入酸豆角，煮半分钟捞出。3.鸭肉倒入沸水锅，余去血水捞出。4.起油锅，爆香葱段、姜片、蒜末、朝天椒，倒入鸭肉，炒匀。5.放入料酒、豆瓣酱、生抽、清水、酸豆角，炒匀。6.放入盐、鸡粉、白糖，炒匀，焖20分钟，用水淀粉勾芡，盛出装盘，放入葱段即可。

炝拌鸭肝双花

●难易度：★☆☆ ●功效：防癌抗癌

烹饪时间
Time
3分钟

◎ 原 料

西蓝花230克，花菜260克，卤鸭肝150克，蒜末、葱花各少许

◎ 调 料

生抽3毫升，鸡粉3克，陈醋10毫升，盐2克，芝麻油7毫升，食用油适量

◎ 烹饪小提示

卤鸭肝本身有咸味，所以盐不要放太多；西蓝花焯水的时间不宜过久，以免影响口感。

✎ 做 法

❶ 洗净的花菜、西蓝花均切成小朵；卤鸭肝切成薄片。

❷ 锅中注水烧开，加入食用油、鸡粉、盐、花菜、西蓝花，焯熟捞出。

❸ 取一个碗，放入西蓝花、花菜，放入鸭肝，撒上蒜末、葱花。

❹ 加入适量生抽、盐、鸡粉，淋入少许芝麻油。

❺ 倒入陈醋，搅拌匀至食材入味，将拌好的食材装入盘中即可。

鱼香荸荠鸭肝片

◎难易度：★ ☆ ☆ ◎功效：增强免疫力

烹饪时间
Time
6分钟

🥘 烹饪小提示

用水淀粉勾芡时，不要倒入太多，以免过于浓稠，影响成菜的口感。

🍲 原 料

荸荠肉300克，鸭肝150克，姜片、蒜末、葱段各少许

🍶 调 料

盐2克，鸡粉、料酒、生抽、陈醋各少许，豆瓣酱、水淀粉、食用油各适量

🍳 做 法

❶ 洗净去皮的荸荠切片；洗好的鸭肝切片，用盐、鸡粉、料酒腌渍。

❷ 沸水锅加入盐、荸荠，焯熟捞出；倒入鸭肝片，汆水捞出。

❸ 起油锅，放入姜片、葱段、蒜末、鸭肝、盐、鸡粉、料酒炒匀。

❹ 放入生抽、豆瓣酱、荸荠、陈醋、水淀粉，炒匀盛出即可。

荷兰豆炒鸭胗

◉难易度：★ ☆ ☆　◉功效：开胃消食

烹饪时间
Time
2分钟

◉ 原　料

荷兰豆170克，鸭胗120克，彩椒30克，姜片、葱段各少许

◉ 调　料

盐3克，鸡粉2克，料酒4毫升，白糖4克，水淀粉适量

◉ 烹饪小提示

荷兰豆焯至断生即可；翻炒的速度要快，以免煳锅。

◉ 做　法

❶ 彩椒洗净切丝；处理干净的鸭胗切块，用盐、料酒、水淀粉腌渍。

❷ 沸水锅放油、彩椒、荷兰豆，焯熟捞出；倒入鸭胗，汆水捞出。

❸ 用油起锅，放入姜片、葱段、鸭胗、料酒，炒匀。

❹ 放入荷兰豆、彩椒、盐、鸡粉、白糖、水淀粉，炒匀盛出即可。

蒜薹炒鸭珍

◎难易度：★☆☆　◎功效：开胃消食

原料

蒜薹120克，鸭胗230克，红椒5克，姜片、葱段各少许

调料

盐4克，鸡粉3克，生抽7毫升，料酒7毫升，食粉、水淀粉、食用油各适量

做法

1.洗净的蒜薹切段；洗好的红椒去籽切丝；洗净的鸭胗切片，加生抽、盐、鸡粉、食粉、水淀粉、料酒腌渍。2.沸水锅中加入食用油、盐、蒜薹，焯熟捞出；鸭胗倒入沸水锅，汆水后捞出。3.起油锅，爆香红椒丝、姜片、葱段，放入鸭胗，炒香。4.加生抽、料酒、蒜薹、盐、鸡粉，炒匀，用水淀粉勾芡即可。

洋葱炒鸭胗

◎难易度：★☆☆　◎功效：开胃消食

原料

鸭胗170克，洋葱80克，彩椒60克，姜片、蒜末、葱段各少许

调料

盐3克，鸡粉3克，料酒5毫升，蚝油5克，生粉、水淀粉、食用油各适量

做法

1.洗净的彩椒、洋葱均切块；洗净的鸭胗切块。2.把鸭胗装碗，加入料酒、盐、鸡粉、生粉，拌匀，腌渍。3.锅中注入清水烧开，倒入鸭胗，汆去血水，捞出。4.用油起锅，倒入姜片、蒜末、葱段，爆香，放入鸭胗、料酒，炒匀。5.倒入洋葱、彩椒、盐、鸡粉、蚝油、清水、水淀粉，拌炒片刻，盛出装盘即可。

红豆花生乳鸽汤

◎难易度：★☆☆　◎功效：健脾止泻

Time 200分钟 烹饪时间

🥗 原 料

乳鸽肉200克，红豆150克，
花生米100克，桂圆肉少
许，高汤适量

🧂 调 料

盐2克

🍳 烹饪小提示

红豆不易熟透，可提前用水浸泡至涨开，这样可以节省烹饪
时间。

✍ 做 法

1 锅中注入水烧开，放入
洗净的鸽肉，汆去血
水，捞出后过冷水，盛
入盘中。

2 另起锅，注入高汤烧
开，加入乳鸽肉、红
豆、花生米，拌匀。

3 盖上锅盖，调至大火，
煮开后调至中火，煮3
小时至食材熟透。

4 揭开锅盖，放入桂圆
肉、盐，搅拌均匀，煮
10分钟。

5 将煮好的汤料盛出即可
食用。

香菇蒸鸽子

●难易度：★☆☆　●功效：降压降糖

🥘 原 料

鸽子肉350克，鲜香菇40克，红枣20克，姜片、葱花各少许

🍶 调 料

盐2克，鸡粉2克，生粉10克，生抽4毫升，料酒、芝麻油、食用油各适量

烹饪时间
Time
17分钟

🕐 烹饪小提示

先在蒸盘上刷一层食用油，再放入食材，可以使蒸好的食材口感更好。

✍ 做 法

❶ 洗净的香菇切丝；红枣去核，留枣肉；洗净的鸽子肉切小块。

❷ 鸽肉加入鸡粉、盐、生抽、料酒、姜片、红枣肉、香菇丝、生粉。

❸ 淋入芝麻油腌渍，装入干净的蒸盘中，入蒸锅蒸至食材熟透。

❹ 关火后取出蒸好的材料，趁热撒上葱花，浇上热油即成。

红烧鹌鹑

◉难易度：★ ☆ ☆　◉功效：降低血压

烹饪时间
Time
18分钟

🍖 原料

鹌鹑肉300克，豆干200克，胡萝卜、花菇、
姜片、葱条、蒜头、香叶、八角各少许

🥢 调料

料酒、生抽各6毫升，盐、白糖各2克，
老抽2毫升，水淀粉、食用油各适量

🍵 烹饪小提示

鹌鹑肉可先氽一下水再烹饪，这样可减
少油腻感。

🍳 做法

❶ 洗好的葱条切段；洗
净的蒜头、花菇、胡萝
卜均切块；豆干切块。

❷ 用油起锅，放入蒜
头、姜片、葱条、鹌
鹑肉，炒匀。

❸ 加入料酒、生抽、香
叶、八角、水、盐、
白糖、老抽。

❹ 放入胡萝卜、花菇、豆
干，焖熟，倒入水淀
粉勾芡，盛出即可。

做 法

❶ 洗净去皮的白萝卜切块。

❷ 锅中注水烧开，倒入洗净的鹌鹑肉、料酒，汆除腥味，捞出。

❸ 砂锅中注入清水烧开，放入鹌鹑肉、姜片、党参、枸杞、红枣、料酒，拌匀。

❹ 用小火煲煮约30分钟，倒入白萝卜，用小火续煮约15分钟至食材熟透。

❺ 加入盐、鸡粉、胡椒粉，拌匀，关火后盛出煮好的汤料即可。

白萝卜炖鹌鹑

◉难易度：★☆☆　◉功效：保肝护肾

烹饪时间
Time
46分钟

原 料

白萝卜300克，鹌鹑肉200克，党参3克，红枣、枸杞各2克，姜片少许

调 料

盐2克，鸡粉2克，料酒9毫升，胡椒粉适量

烹饪小提示

鹌鹑肉不宜放置太久，否则会影响鹌鹑的口感和营养；白萝卜要晚些放入，以免煲的太烂。

茭白炒鸡蛋

◉难易度：★☆☆ ◉功效：降低血压

烹饪时间
Time
1分30秒

🥬 原 料

茭白200克，鸡蛋3个，葱花少许

🍶 调 料

盐3克，鸡粉3克，水淀粉5毫升，食用油适量

🔪 做 法

1.洗净去皮的茭白切成片。2.鸡蛋打入碗中，放入盐、鸡粉，用筷子打散调匀。3.锅中注入清水烧开，加入盐、食用油、茭白，煮至其断生，捞出茭白，沥干水分。4.炒锅注油烧热，倒入蛋液，炒熟，盛出，装入碗中。5.锅底留油，将茭白倒入锅中，放入盐、鸡粉，炒匀。6.倒入炒好的鸡蛋，略炒几下，加入葱花，淋入水淀粉，快速翻炒均匀。7.关火后盛出炒好的食材，装入盘中即可。

烹饪时间
Time
1分30秒

佛手瓜炒鸡蛋

◉难易度：★☆☆ ◉功效：防癌抗癌

🥬 原 料

佛手瓜100克，鸡蛋2个，葱花少许

🍶 调 料

盐4克，鸡粉3克，食用油适量

🔪 做 法

1.洗净去皮的佛手瓜对半切开，去核，再切成片。2.鸡蛋打入碗中，加入盐、鸡粉，用筷子搅匀。3.锅中注入清水烧开，放入盐、食用油，再倒入切好的佛手瓜，搅拌匀，煮1分钟，至其八成熟，捞出佛手瓜，沥干水分。4.用油起锅，倒入蛋液、佛手瓜，加入盐、鸡粉，翻炒均匀。5.倒入备好的葱花，快速翻炒匀，炒出葱香味。6.关火后盛出炒好的食材，装入盘中即可。

圆椒炒鸡蛋

◉难易度：★ ☆ ☆ ◉功效：降低血压

烹饪时间
Time
2分钟

◉ **原 料**
鸡蛋120克，彩椒80克，葱花少许

◉ **调 料**
盐3克，鸡粉2克，水淀粉、食用油各适量

◉ **烹饪小提示**
倒入炒好的鸡蛋时，可以再加入少许芝麻油，这样菜肴的口感会更好。

✍ 做 法

❶ 洗净的彩椒去籽，切丝；鸡蛋打散，加盐、葱花，拌匀成蛋液。

❷ 用油起锅，倒入蛋液，炒至六成熟盛出，装入盘中。

❸ 锅底留油，放入彩椒丝、盐、鸡粉、鸡蛋，炒至八成熟。

❹ 再倒入水淀粉勾芡，炒匀后盛出炒好的菜肴，装入盘中即成。

萝卜干肉末炒鸡蛋

◉难易度：★☆☆ ◉功效：养心润肺

烹饪时间
Time
2分30秒

🥄 原 料

萝卜干120克，鸡蛋2个，肉末30克，干辣椒5克，葱花少许

🍶 调 料

盐、鸡粉各2克，生抽3毫升，水淀粉、食用油各适量

🍲 烹饪小提示

萝卜干有咸味，因此，烹饪此菜时要少放些盐。

🥢 做 法

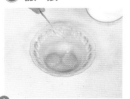

① 鸡蛋打散，加盐、鸡粉、水淀粉、拌匀成蛋液；萝卜干洗净切丁。

② 锅中注水烧开，倒入萝卜丁，焯软后捞出，沥干水分。

③ 蛋液炒熟装碗；锅底留油，放入肉末、生抽、干辣椒，炒匀。

④ 倒入萝卜丁、鸡蛋、盐、鸡粉，炒匀盛出，点缀上葱花即成。

做法

❶ 将洗净的彩椒去籽，切成丁。

❷ 鸡蛋打入碗中，加入盐、鸡粉，搅匀，制成蛋液。

❸ 锅中注入清水烧开，放入玉米粒、彩椒、盐，煮至断生，捞出食材，沥干水分。

❹ 用油起锅，倒入蛋液，翻炒均匀，倒入焯过水的食材，快速翻炒均匀。

❺ 关火后将炒好的菜肴盛出，装入盘中，撒上葱花即可。

烹饪时间
Time
1分钟

彩椒玉米炒鸡蛋

●难易度：★☆☆ ●功效：降低血脂

原料

鸡蛋2个，玉米粒85克，彩椒10克，葱花适量

调料

盐3克，鸡粉2克，食用油适量

烹饪小提示

鸡蛋不宜用大火炒，以免将其炒煳了，影响口感；彩椒和玉米焯水时煮至断生即可，以免过烂。

火腿炒鸡蛋

◎难易度：★☆☆　◎功效：增强免疫力

🍲 原　料

鸡蛋3个，火腿肠75克，黄油8克，西蓝花20克

🧂 调　料

盐1克

🍴 做　法

1.火腿肠去包装，切片，切条，改切成丁；洗净的西蓝花切成小块。2.取一碗，打入鸡蛋，加入盐，将鸡蛋打散成蛋液。3.锅置火上，放入黄油，烧至溶化，倒入蛋液，炒匀。4.放入切好的西蓝花，炒约2分钟至熟，倒入火腿丁，翻炒1分钟至香气飘出。5.关火后盛出炒好的菜肴，装盘即可。

西葫芦炒鸡蛋

◎难易度：★☆☆　◎功效：清热解毒

🍲 原　料

鸡蛋2个，西葫芦120克，葱花少许

🧂 调　料

盐2克，鸡粉2克，水淀粉3毫升，食用油适量

🍴 做　法

1.西葫芦洗净对半切开，改切片；鸡蛋打入碗中，加入少许盐、鸡粉，打散、调匀。2.锅中注水烧开，放入适量盐、食用油，倒入西葫芦，搅匀，煮1分钟，捞出。3.另起锅，注油烧热，倒入蛋液，炒至熟，倒入西葫芦，炒匀。4.加入盐、鸡粉，倒入适量水淀粉，炒匀，放入葱花拌炒均匀，盛出装盘即可。

菠菜炒鸡蛋

◉难易度：★☆☆ ◉功效：增强免疫力

烹饪时间
Time
1分30秒

🍳 原　料

菠菜65克，鸡蛋2个，彩椒10克

🧂 调　料

盐2克，鸡粉2克，食用油适量

🍲 烹饪小提示

菠菜可先放入沸水中焯一下再炒，口感会更好。

✍ 做　法

❶ 洗净的彩椒去籽，切条形，再切成丁；洗好的菠菜切成粒。

❷ 鸡蛋打入碗中，加入适量盐、鸡粉，搅匀打散，制成蛋液。

❸ 用油起锅，倒入蛋液，翻炒均匀，加入彩椒，翻炒匀。

❹ 倒入菠菜粒，炒至食材熟软，盛出装盘即可食用。

葱花鸭蛋

◎难易度：★☆☆ ◎功效：美容养颜

烹饪时间
Time
1分钟

🔘 原 料

鸭蛋2个，葱花少许

🔘 调 料

盐2克，鸡粉、水淀粉、食用油各适量

🔘 烹饪小提示

翻炒鸭蛋的时候，宜用中火，以免将其炒老了。

🔘 做 法

❶ 将备好的鸭蛋打入碗中，加入盐、鸡粉。

❷ 淋入水淀粉，打散、搅匀，再放入葱花，搅拌匀，制成蛋液。

❸ 用油起锅，烧至四成热，倒入备好的蛋液，炒至食材熟透。

❹ 关火后盛出炒好的鸭蛋，装在盘中即成。

做 法

1 去皮洗净的洋葱切丝，备用。

2 鸭蛋打入碗中，放入少许鸡粉、盐，倒入水淀粉，用筷子打散、调匀。

3 锅中倒油烧热，放入洋葱，翻炒至变软。

4 加入适量盐，炒匀调味，倒入调好的蛋液，快速翻炒至熟。

5 关火后将炒熟的鸭蛋盛出，装入盘中即可。

烹饪时间
Time
1分30秒

鸭蛋炒洋葱

●难易度：★☆☆ ●功效：降压降糖

原料

鸭蛋2个，洋葱80克

调料

盐3克，鸡粉2克，水淀粉4毫升，食用油适量

烹饪小提示

调好的蛋液中加入少许鱼露，拌匀后再炒制，可去除鸭蛋的腥味。

叉烧鹌鹑蛋

◎难易度：★☆☆ ◎功效：益气补血

烹饪时间
Time
12分钟

🍴 原 料

鹌鹑蛋250克，叉烧酱3勺

🥄 调 料

食用油适量

✍ 做 法

1.砂锅中注入适量清水，倒入鹌鹑蛋，用大火煮开，再转小火煮8分钟至熟。2.关火后捞出煮好的鹌鹑蛋放入凉水中冷却。3.剥去鹌鹑蛋的壳，放入碗中待用。4.用油起锅，倒入叉烧酱，炒匀，放入鹌鹑蛋，煎约2分钟至转色。5.关火，捞出煎好的鹌鹑蛋装入碗中即可食用。

鹌鹑蛋烧板栗

◎难易度：★☆☆ ◎功效：增高助长

🍴 原 料

熟鹌鹑蛋120克，胡萝卜80克，板栗肉70克，红枣15克

🥄 调 料

盐、鸡粉各2克，生抽5毫升，生粉15克，水淀粉、食用油各适量

✍ 做 法

1.熟鹌鹑蛋装碗，加生抽、生粉，拌匀；去皮洗净的胡萝卜切滚刀块；洗好的板栗肉切小块。2.热锅注油，下入鹌鹑蛋，炸至呈虎皮状，倒入板栗，炸至水分全干，捞出。3.起油锅，注水，倒入洗净的红枣、胡萝卜块，放入炸过的食材，加入盐、鸡粉。4.煮沸后焖煮约15分钟，炒至汤汁收浓，淋入水淀粉勾芡，盛出即成。

烹饪时间
Time
17分钟

韭菜炒鹌鹑蛋

◉难易度：★☆☆　◉功效：开胃消食

◉ **原 料**

| 韭菜 100克，熟鹌鹑蛋135克，彩椒30克

◉ **调 料**

| 盐、鸡粉各2克，食用油适量

烹饪时间
Time
1分30秒

◉ **烹饪小提示**

由于鹌鹑蛋是熟的，因此放入锅中略煮片刻即可捞出。

🍴 **做 法**

❶ 洗好的彩椒切成细丝；洗净的韭菜切成长段。

❷ 锅注水烧开，放入鹌鹑蛋，略煮，捞出，沥干水分。

❸ 起油锅，倒入彩椒、韭菜梗，炒匀，放入鹌鹑蛋，炒匀。

❹ 倒入韭菜叶，炒软，加入盐、鸡粉，炒至入味，盛出即可。

咸蛋肉碎蒸娃娃菜

◎难易度：★☆☆ ◎功效：清热解毒

烹饪时间
Time
12分钟

🥦 **原 料**

| 熟咸蛋1个，猪肉末150克，娃娃菜300克，蒜末、葱花各少许

🥄 **调 料**

| 盐1克，鸡粉2克，生抽2毫升，老抽、料酒、水淀粉、食用油各适量

◎ **烹饪小提示**

咸蛋含盐量较高，蒸制此菜时，盐的用量可以适量减少。

🔪 **做 法**

① 娃娃菜洗净切成瓣，切去菜芯；咸蛋去壳，把咸蛋切碎。

② 油锅倒蒜末、猪肉末、料酒、生抽、老抽、水、盐、鸡粉、水淀粉炒匀。

③ 把肉末盛出，放在娃娃菜上，再放上咸蛋，放入蒸锅中。

④ 蒸10分钟至食材熟透，取出，撒上葱花，浇上熟油即成。

🖊 做法

❶ 黄瓜洗净切开，去瓤，再斜刀切段；彩椒洗净切开，切菱形片；咸蛋黄切小块。

❷ 起油锅，倒入切好的黄瓜，撒上彩椒片，炒匀。

❸ 注入适量高汤，放入蛋黄，炒匀，用小火焖约5分钟至熟透。

❹ 加入少许盐、鸡粉，撒上适量胡椒粉，炒匀调味，用水淀粉勾芡。

❺ 关火后盛出菜肴，装入盘中即可。

烹饪时间
Time
7分30秒

咸蛋黄炒黄瓜

●难易度：★☆☆   功效：美容养颜

🥄 原 料

黄瓜160克，彩椒12克，咸蛋黄60克，高汤70毫升

🍲 调 料

盐、胡椒粉各少许，鸡粉2克，水淀粉、食用油各适量

◉ 烹饪小提示

咸蛋黄味道较咸，因此加入的盐不宜太多；黄瓜焖煮的时间不宜过久，以免影响口感。

红油皮蛋拌豆腐

◉难易度：★☆☆ ◉功效：增强免疫力

烹饪时间
Time
2分钟

◉ **原 料**

皮蛋2个，豆腐200克，蒜末、葱花各少许

◉ **调 料**

盐、鸡粉各2克，陈醋3毫升，红油6毫升，生抽3毫升

◉ **烹饪小提示**

皮蛋可以切得稍微薄一点，这样浇上味汁后更易入味。

◉ **做 法**

❶ 豆腐洗净切小块，焯水备用；去皮的皮蛋切成瓣，摆入盘中。

❷ 取一个碗，倒入蒜末、葱花，加入少许盐、鸡粉、生抽。

❸ 再淋入少许陈醋、红油，搅拌均匀，制成味汁。

❹ 将豆腐放在皮蛋上，浇上调好的味汁，撒上葱花即可。

Part 6

味香肉嫩的水产佳肴

　　水产类营养特别丰富，一般均含有优质蛋白质、矿物质等成分。水产类食材一般具有肉质鲜美的特点，用于炒、煎、煮时的处理方法不宜和其他食材相同。那么怎样烹饪水产才能保持水产的鲜美口味呢？翻开本章，您将马上得到最科学的烹饪指导。

山药蒸鲫鱼

◉难易度：★☆☆　◉功效：降低血压

烹饪时间
Time
10分30秒

◉ 原 料

鲫鱼400克，山药80克，葱条30克，姜片20克，葱花、枸杞各少许

◉ 调 料

盐2克，鸡粉2克，料酒8毫升

◉ 烹饪小提示

蒸鲫鱼时不用放过多调料，否则会影响鲫鱼的鲜味。

◉ 做 法

① 洗净去皮的山药切粒；处理干净的鲫鱼切花刀。

② 鲫鱼放姜片、葱条、料酒、盐、鸡粉拌匀，腌渍15分钟。

③ 将腌渍好的鲫鱼装入盘中，撒上山药粒，放上姜片，放入蒸锅。

④ 盖上盖，用大火蒸10分钟，夹去姜片，撒上葱花、枸杞即可。

烹饪时间 Time 7分钟

酱焖鲫鱼

◉难易度：★★☆ ◉功效：增强免疫力

◉ 原 料

鲫鱼700克，红椒50克，葱段、姜丝少许

◎ 调 料

香菇酱40克，生抽5毫升，料酒5毫升，盐5克，白糖2克，水淀粉3毫升，胡椒粉、食用油各适量

◉ 做 法

1.在处理干净的鲫鱼身上抹盐，腌渍5分钟。
2.锅注油烧热，放入鲫鱼，煎至两面微黄，盛出。3.锅注油烧热，倒入姜丝、葱段、香菇酱、生抽、料酒、水、鲫鱼、盐、白糖、胡椒粉，烧开后转中火焖5分钟，盛出装盘。4.将红椒倒入锅内，加入少许水淀粉翻炒片刻，使汤汁浓稠，浇在鲫鱼身上即可。

葱油鲫鱼

◉难易度：★★☆ ◉功效：增强免疫力

◉ 原 料

鲫鱼300克，葱条20克，红椒8克，姜片、蒜末各少许

◎ 调 料

盐3克，鸡粉2克，生抽10毫升，生粉10克，老抽3毫升，水淀粉、食用油各适量

◉ 做 法

1.洗好的葱条切段，少许葱叶切花；洗净的红椒切丝。2.鲫鱼加生抽、盐、生粉，抹匀后腌渍10分钟，炸熟。3.锅底留油，倒入葱段、葱叶炒软，盛出，倒入姜片、蒜末爆香，注水，加生抽、老抽、盐、鸡粉、鲫鱼煮至入味，盛出鲫鱼。4.将锅中汤汁烧热，用水淀粉勾芡，制成味汁，浇在鱼身上，点缀上红椒丝、葱花即可。

烹饪时间 Time 5分钟

做 法

① 洗净的蒜苗切成段；洗好的红椒切段；洗净的草鱼肉切条。

② 鱼块加盐、料酒、生粉拌匀，腌渍约10分钟。

③ 锅注油烧热，放入鱼块拌匀，用中火炸至金黄色，捞出。

④ 用油起锅，放蒜苗梗、草鱼、料酒、清水煮沸。

⑤ 加盐、鸡粉、老抽、生抽、红椒、蒜苗叶、水淀粉拌匀即可。

烹饪时间
Time
2分30秒

蒜苗烧草鱼

◎难易度：★ ☆ ☆ ◎功效：保肝护肾

🥩 原 料

草鱼肉250克，蒜苗100克，红椒30克

🥄 调 料

盐3克，鸡粉2克，老抽、生抽各3毫升，料酒、生粉、水淀粉、食用油各适量

🍲 烹饪小提示

在烹饪这道菜肴时，不可将蒜苗炒的过熟，以免降低蒜苗的营养价值。

清蒸草鱼段

◎难易度：★ ☆ ☆　◎功效：开胃消食

烹饪时间
Time
15分钟

◯ 原 料

草鱼肉370克，姜丝、葱丝、彩椒丝各少许

◉ 调 料

蒸鱼豉油少许

◯ 烹饪小提示

在蒸鱼时放上少许葱，能更好地去除鱼的腥味。

做 法

❶ 洗净的草鱼肉由背部切一刀，放在蒸盘中，待用。

❷ 蒸锅上火烧开，放入蒸盘，用中火蒸约15分钟。

❸ 揭开盖，取出蒸盘。

❹ 撒上姜丝、葱丝、彩椒丝，淋上蒸鱼豉油即可。

咸菜草鱼

◉难易度：★ ☆ ☆　◉功效：美容养颜

烹饪时间
Time
6分钟

🍳 原 料

草鱼肉260克，大头菜100克，姜丝、葱花各少许

🍶 调 料

盐2克，生抽3毫升，料酒4毫升，水淀粉、食用油各适量

◎ 烹饪小提示

锅中也可以注入温开水，这样能缩短烹饪的时间。

🔪 做 法

① 将洗净的大头菜切块；洗好的草鱼肉切长方块。

② 锅淋油烧热，撒上姜丝爆香，放入鱼块小火煎出香味。

③ 放入大头菜、料酒、清水、盐、生抽，用中火煮约3分钟。

④ 倒入适量水淀粉大火翻炒至汤汁收浓，装盘，撒葱花即可。

烹饪时间
Time
7分钟

浇汁草鱼片

◉难易度：★★☆ ◉功效：美容养颜

🐟 原　料

草鱼肉320克，水发粉丝120克，姜片、葱条各少许

🥣 调　料

盐、鸡粉各3克，胡椒粉2克，料酒4毫升，陈醋7毫升，白糖、水淀粉、食用油各适量

🖊 做　法

1.洗净的草鱼肉切成片。2.锅注水烧开，倒入粉丝煮至变软，捞出。3.用油起锅，倒入姜片、葱条爆香，注水，加入盐、鸡粉、料酒、草鱼片，烧开后煮约5分钟，捞出鱼片，放在粉丝上，摆好盘。4.锅注水烧热，加入盐、鸡粉、白糖、陈醋、胡椒粉、水淀粉拌均匀，浇在鱼片上即可。

菊花草鱼

◉难易度：★★☆ ◉功效：开胃消食

🐟 原　料

草鱼900克，西红柿100克，葱花少许

🥣 调　料

盐2克，白糖2克，生粉5克，水淀粉5毫升，料酒4毫升，番茄酱、食用油各适量

🖊 做　法

1.洗净的西红柿切丁；处理好的草鱼去骨取肉，切一字刀，切成大段，与原刀口垂直切一字刀，加入盐、料酒拌匀，腌渍10分钟，加入生粉拌匀。2.用油起锅，放入鱼肉炸至金黄色，捞出。3.锅注油烧热，放入西红柿、番茄酱炒约4分钟，加水、盐、白糖拌匀，加入水淀粉勾芡，制成酱汁，浇在鱼肉上，点缀上葱花即可。

烹饪时间
Time
15分钟

豆瓣酱烧鲤鱼

◉难易度：★★☆　◉功效：清热解毒

🍃 原料

鲤鱼500克，青椒18克，红椒18克，葱末、姜末、蒜末各少许

🍲 调料

鸡粉2克，料酒10毫升，豆瓣酱10克，水淀粉3毫升，生粉、食用油各适量

🍳 烹饪小提示

在炸鱼的时候，锅中油的温度不宜过高，以免鱼一放入油锅中没多久就炸焦了。

✏ 做 法

1 洗净的青椒、红椒切粒；处理好的鲤鱼上切花刀，抹生粉。

2 锅注油烧热，放入鲤鱼炸至金黄色，捞出。

3 锅底留油，倒入姜末、蒜末、青椒、红椒、豆瓣酱、水。

4 放入鲤鱼、料酒，大火焖10分钟，加入鸡粉拌匀，盛出。

5 锅中倒入水淀粉拌均匀，浇在鱼身上即可。

糖醋鲤鱼

◎难易度：★★☆ ◎功效：开胃消食

烹饪时间
Time
3分钟

🥢 烹饪小提示

将鱼的表面抹上生粉后再油炸不但能够使鱼的表面更加酥脆，还能锁住鱼肉中的水分和油脂。

🍲 原　料

鲤鱼550克，蒜末、葱丝少许

🍶 调　料

盐2克，白糖6克，白醋10毫升，番茄酱、水淀粉、生粉、食用油各适量

🔪 做　法

❶ 洗净的鲤鱼切上花刀，滚上生粉，入油锅小火炸熟。

❷ 锅底留油，倒入蒜末爆香，加水、盐、白醋、白糖拌匀。

❸ 加入适量番茄酱、水淀粉搅拌均匀，至汤汁浓稠。

❹ 汤汁浇在鱼身上，点缀上葱丝即可。

酸菜炖鲇鱼

◉难易度：★★☆ ◉功效：益气补血

烹饪时间
Time
4分30秒

🥦 原 料

鲇鱼块400克，酸菜70克，姜片、葱段、八角、蒜头各少许

🍶 调 料

盐3克，生抽9毫升，豆瓣酱8克，鸡粉4克，老抽1毫升，白糖2克，料酒4毫升，生粉12克，水淀粉、食用油各适量

◎ 烹饪小提示

清洗鲇鱼时，一定要把鲇鱼卵清除干净，因为鲇鱼卵有毒。

🔪 做 法

❶ 洗好的酸菜切片；鲇鱼加生抽、盐、鸡粉、料酒、生粉腌渍。

❷ 锅注油烧热，放蒜头、鲇鱼炸约1分钟，捞出。

❸ 锅留油，加姜片、八角、酸菜、豆瓣酱、生抽、盐、鸡粉、白糖。

❹ 注水煮沸，倒入鲇鱼、老抽、水淀粉勾芡，装盘，撒上葱段即可。

烹饪时间
Time
15分钟

鲇鱼炖菠菜

◎难易度：★☆☆ ◎功效：益气补血

原 料

鲇鱼250克，菠菜75克，姜片少许

调 料

盐2克，料酒6毫升，食用油适量

做 法

1.用油起锅，放入处理好的鲇鱼，煎出香味，注入适量开水，放入姜片拌匀，加入料酒。2.盖上盖，烧开后用小火炖约12分钟。3.揭开盖，加入盐、菠菜拌匀，再盖上盖，用小火煮约1分钟。4.开盖，搅拌均匀，盛出煮好的菜肴即可。

红烧鲇鱼

◎难易度：★★☆ ◎功效：益气补血

原 料

鲇鱼150克，冬笋50克，干辣椒、姜片、葱白、葱段、香菇丝各少许

调 料

盐5克，白糖2克，味精1克，水淀粉10毫升，蚝油、料酒、生粉、老抽、葱油、食用油各适量

做 法

1.鲇鱼宰杀洗净，切块；冬笋去皮洗净切丝。2.鲇鱼装碗，加盐、白糖、料酒、生粉拌匀，腌渍，炸呈金黄色。3.起油锅，倒姜片、葱白、鲇鱼、冬笋、干辣椒、香菇、料酒、清水煮沸，加入盐、味精、蚝油、老抽调味，用水淀粉勾芡，淋入葱油，撒入葱段炒匀即可。

烹饪时间
Time
3分钟

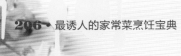

做法

① 将洗净的竹笋切丝；洗好的彩椒切块；洗净的生鱼肉切片。

② 鱼片放盐、鸡粉、水淀粉抓匀，注油，腌渍10分钟至入味。

③ 锅注水烧开，放盐、鸡粉、竹笋，煮1分30秒，捞出。

④ 用油起锅，放蒜末、姜片、葱段、彩椒、鱼片、料酒炒香。

⑤ 放竹笋、盐、鸡粉、水淀粉快速拌炒均匀即可。

烹饪时间
Time
2分钟

鲜笋炒生鱼片

●难易度：★★☆ ●功效：益智健脑

原料

竹笋200克，生鱼肉180克，彩椒40克，姜片、蒜末、葱段各少许

调料

盐3克，鸡粉5克，水淀粉、料酒、食用油各适量

烹饪小提示

竹笋焯水的时间不要太久，以免过于熟烂，影响竹笋爽脆的口感。

清蒸冬瓜生鱼片

●难易度：★☆☆　●功效：清热解毒

烹饪时间
Time
16分钟

◎ 烹饪小提示

蒸鱼肉时可添加少许蒜末，有利于去除腥味。

◎ 原　料

冬瓜400克，生鱼300克，姜片、葱花各少许

◎ 调　料

盐2克，鸡粉2克，胡椒粉少许，生粉10克，芝麻油2毫升，蒸鱼豉油适量

◎ 做　法

❶ 洗净去皮的冬瓜切片；洗好的生鱼去骨，切片。

❷ 加盐、鸡粉、部分姜片、胡椒粉、生粉、芝麻油，摆入碗底。

❸ 放上冬瓜、剩余姜片，入蒸锅，中火蒸15分钟，取出。

❹ 倒扣入盘里，揭开碗，撒上葱花，浇入蒸鱼豉油即成。

清蒸开屏鲈鱼

◉难易度：★ ☆ ☆　◉功效：降低血脂

烹饪时间
Time
7分30秒

🦑 原　料

鲈鱼500克，姜丝、葱丝、彩椒丝各少许

📋 调　料

盐2克，鸡粉2克，胡椒粉少许，蒸鱼豉油少许，料酒8毫升

🍲 烹饪小提示

切一字刀时，将鱼背立起来切比较省力，不容易破坏鲈鱼的完整性。

✅ 做　法

❶ 处理好的鲈鱼切下鱼头，背部切一字刀，切相连的块。

❷ 鲈鱼放盐、鸡粉、胡椒粉、料酒抓匀，腌渍10分钟。

❸ 鲈鱼摆放成孔雀开屏的造型，用大火蒸7分钟，取出。

❹ 撒上姜丝、葱丝、彩椒丝，浇上热油、蒸鱼豉油即可。

烹饪时间
Time
7分钟

豆腐烧鲈鱼

◉难易度：★★☆ ◉功效：清热解毒

原 料

豆腐200克，鲈鱼700克，干辣椒10克，黑芝麻10克，香菜、蒜片、姜片、葱段各少许

调 料

盐3克，鸡粉2克，水淀粉4毫升，料酒6毫升，生抽4毫升，食用油适量

做 法

1. 洗净的豆腐切成块；处理好的鲈鱼切段，但不能断开。2. 锅注油烧热，倒入鲈鱼煎制片刻，倒入干辣椒、姜片、葱段、蒜片爆香，倒入料酒、生抽，注水，加入豆腐、盐煮沸。3. 小火焖5分钟，加入盐、鸡粉拌匀，加入水淀粉搅匀勾芡，装入盘中，撒上黑芝麻，点缀上香菜即可。

豉汁蒸鲈鱼

◉难易度：★☆☆ ◉功效：增强免疫力

原 料

鲈鱼500克，豆豉25克，红椒丝10克，葱丝、姜丝各少许

调 料

料酒10毫升，盐3克，生抽、食用油各适量

做 法

1. 处理好的鲈鱼背上划上一字花刀，放上料酒、盐涂抹均匀。2. 蒸锅烧开，放上鲈鱼，中火蒸2分钟，撒上豆豉，用中火续蒸6分钟至熟。3. 将鲈鱼移至大盘中，放上姜丝、葱丝、红椒丝。4. 锅注油烧热，浇在鱼身上，再淋上生抽即可。

烹饪时间
Time
8分30秒

豆瓣酱烧带鱼

◉难易度：★★☆ ◉功效：益气补血

🕐 烹饪时间
Time
13分钟

🥬 原料
带鱼肉270克，姜末、葱花各少许

🥢 调料
盐2克，料酒9毫升，豆瓣酱10克，生粉、食用油各适量

🍲 烹饪小提示
腌渍带鱼时已经加盐，因此焖煮带鱼时不宜再放盐，以免菜的味道过咸。

✅ 做 法

① 处理好的带鱼肉两面切上网格花刀，再切成块。

② 鱼块加入盐、料酒拌匀，撒上生粉，腌渍10分钟。

③ 用油起锅，放带鱼块煎至断生，盛出。

④ 锅底留油，倒入姜末爆香，放入豆瓣酱、清水、带鱼。

⑤ 加入料酒，煮开后用小火焖10分钟，摆盘，点缀葱花即可。

五香烧带鱼

●难易度：★★☆　●功效：益气补血

◎ 原 料

带鱼肉300克，八角、桂皮、姜片、葱段各少许

◎ 调 料

盐2克，生抽、老抽各2毫升，料酒3毫升，生粉、食用油各适量

烹饪时间
Time
8分钟

◎ 烹饪小提示

煎带鱼时要将带鱼放好位置，这样能使其受热更均匀。

做 法

① 洗净的带鱼肉两面切上网格花刀，切成大块，撒上生粉。

② 用油起锅，放入带鱼块用小火煎出香味，翻转煎至断生。

③ 放姜片、葱段、八角、桂皮、盐、生抽、老抽、料酒，小火煮5分钟。

④ 拣出八角、桂皮、姜片、葱段，将带鱼装入盘中即可。

干煸鱿鱼丝

烹饪时间
Time
2分钟

◉难易度：★★☆　◉功效：益气补血

🍴 原 料

鱿鱼200克，猪肉300克，青椒30克，红椒30克，蒜末、干辣椒、葱花各少许

🥣 调 料

盐3克，鸡粉3克，料酒8毫升，生抽5毫升，辣椒油5毫升，豆瓣酱10克，食用油适量

📝 做 法

1.锅注水烧开，放入猪肉，用中火煮10分钟，捞出；洗净的青椒、红椒切圈；猪肉切条；处理好的鱿鱼切条，放盐、鸡粉、料酒拌匀，腌渍10分钟。2.锅注水烧开，倒入鱿鱼丝煮至变色，捞出。3.用油起锅，倒入猪肉炒香，加生抽、干辣椒、蒜末、豆瓣酱、红椒、青椒、鱿鱼、盐、鸡粉、辣椒油、葱花炒匀即可。

蒜薹拌鱿鱼

◉难易度：★☆☆　◉功效：保肝护肾

🍴 原 料

鱿鱼肉200克，蒜薹120克，彩椒45克，蒜末少许

🥣 调 料

豆瓣酱8克，盐3克，鸡粉2克，生抽4毫升，料酒5毫升，辣椒油、芝麻油、食用油各适量

📝 做 法

1.将洗净的蒜薹切段；洗好的彩椒、鱿鱼肉切丝。2.鱿鱼丝加入盐、鸡粉、料酒拌匀，腌渍约10分钟；锅注水烧开，放食用油、蒜薹、彩椒、盐煮约半分钟，捞出，倒入鱿鱼丝煮约1分钟，捞出。3.蒜薹和彩椒倒入碗中，放鱿鱼、盐、鸡粉、豆瓣酱、蒜末、辣椒油、生抽、芝麻油拌匀即成。

烹饪时间
Time
3分钟

炸鱿鱼圈

●难易度：★☆☆ ●功效：降低血糖

🐟 **原 料**

| 鱿鱼120克，鸡蛋1个，炸粉100克

🍶 **调 料**

| 盐2克，生粉10克，料酒8毫升，番茄
| 酱、食用油各适量

烹饪时间
Time
1分30秒

🍳 **烹饪小提示**

鱿鱼本身带有咸味，放盐时可以少放些，以免太咸。

🥢 **做 法**

❶ 处理好的鱿鱼切圈；鸡蛋取蛋黄，加生粉搅匀。

❷ 锅注水烧开，放料酒、鱿鱼氽至变色捞出，擦干水分。

❸ 鱿鱼圈加蛋液、盐、炸粉裹匀。

❹ 锅注油烧热，放鱿鱼圈炸至金黄色捞出，挤上番茄酱即可。

辣味芹菜鱿鱼须

◉难易度：★★☆ ◉功效：益气补血

烹饪时间
Time
2分钟

🥗 原　料

鱿鱼须300克，芹菜60克，干辣椒10克，花椒7克，姜片、蒜末各少许

🍶 调　料

盐2克，鸡粉2克，料酒4毫升，豆瓣酱12克，水淀粉、食用油各适量

🍵 烹饪小提示

鱿鱼须汆水时间不宜太长，以免炒的时候变老。

✏️ 做　法

❶ 洗净的芹菜、鱿鱼须切段。

❷ 锅中注水烧开，倒入鱿鱼须汆去腥味，捞出沥干。

❸ 用油起锅，倒入干辣椒、花椒、姜片、蒜末、芹菜、鱿鱼须炒匀。

❹ 加料酒、豆瓣酱、盐、鸡粉、水淀粉翻炒均匀即可。

🔪 做法

① 洗好的蒜薹切段；洗净的红椒切条；处理干净的鱿鱼切丝。

② 鱿鱼丝放入盐、鸡粉、料酒，搅拌均匀。

③ 锅中注水烧开，倒入鱿鱼丝搅散，煮至变色，捞出。

④ 用油起锅，放鱿鱼丝炒片刻，淋入料酒炒匀。

⑤ 放红椒、蒜薹、剁椒、生抽、鸡粉、水淀粉炒片刻即可。

烹饪时间
Time
2分钟

剁椒鱿鱼丝

◉难易度：★★☆ ◉功效：益气补血

🍲 原料

鱿鱼300克，蒜薹90克，红椒35克，剁椒40克

🍶 调料

盐2克，鸡粉3克，料酒13毫升，生抽4毫升，水淀粉5毫升，食用油适量

🥘 烹饪小提示

腌制鱿鱼须的时候，可以多用一些料酒，这样能更有效的去除鱿鱼须的腥味。

豉椒墨鱼

◉难易度：★★☆ ◎功效：美容养颜

烹饪时间
Time
1分30秒

🥘 原 料

墨鱼200克，红椒45克，青椒35克，芹菜50克，豆豉、姜片、蒜末、葱段各少许

🍶 调 料

盐4克，鸡粉4克，料酒15毫升，水淀粉10毫升，生抽4毫升，食用油适量

📝 做 法

1.清洗干净的墨鱼肉切片；洗净的红椒、青椒切块；洗净的芹菜切段。2.墨鱼片加盐、鸡粉、料酒、水淀粉拌匀，腌渍10分钟。3.锅注水烧开，倒油、青椒、红椒煮半分钟，捞出，倒入墨鱼氽至变色，捞出。4.用油起锅，放姜片、蒜末、葱段、豆豉爆香，倒入墨鱼、料酒、青椒、红椒、芹菜、盐、鸡粉、生抽、水淀粉炒匀即可。

姜丝炒墨鱼须

◉难易度：★★☆ ◎功效：美容养颜

🥘 原 料

墨鱼须150克，红椒30克，生姜35克，蒜末、葱段各少许

🍶 调 料

豆瓣酱8克，盐、鸡粉各2克，料酒5毫升，水淀粉、食用油各适量

📝 做 法

1.洗净去皮的生姜切丝；洗好的红椒切丝；洗净的墨鱼须切段。2.锅注水烧开，倒入墨鱼须、料酒拌匀，煮约半分钟，捞出。3.用油起锅，放入蒜末、红椒丝、姜丝爆香，倒入墨鱼须炒至卷起，淋入料酒炒匀，放入豆瓣酱、盐、鸡粉、水淀粉、葱段炒香即成。

烹饪时间
Time
1分30秒

沙茶墨鱼片

●难易度：★ ★ ☆ ●功效：益气补血

🐟 原 料

墨鱼150克，彩椒60克，姜片、蒜末、葱段各少许

🍶 调 料

盐3克，鸡粉3克，料酒9毫升，水淀粉8毫升，沙茶酱15克，食用油适量

烹饪时间
Time
1分钟

🍳 烹饪小提示

清洗墨鱼时，一定要将墨鱼表皮的一层薄膜剥下来，这样可使墨鱼的味道纯正而不会有腥味。

🥢 做 法

❶ 洗净的彩椒切块；处理好的墨鱼切成片。

❷ 墨鱼加鸡粉、盐、料酒、水淀粉拌匀，余煮半分钟。

❸ 用油起锅，放入姜片、蒜末、葱段爆香，倒入彩椒炒匀。

❹ 放墨鱼、料酒、沙茶酱、盐、鸡粉、水淀粉炒均匀即可。

醋香黄鱼块

◉难易度：★☆☆　◉功效：增强免疫力

烹饪时间
Time
4分30秒

◉ 原 料

净黄鱼150克，红椒圈、蒜末、葱段各少许

◉ 调 料

番茄酱30克，盐3克，鸡粉2克，白糖5克，生粉10克，生抽少许，白醋8毫升，水淀粉、食用油各适量

◉ 烹饪小提示

倒入鱼块后宜用中小火翻炒，否则容易将味汁烧煳了。

◉ 做 法

1 黄鱼斩块，加入盐、鸡粉、生抽拌匀，拍上生粉。

2 锅注油烧热，放入鱼块炸约2分钟，捞出。

3 用油起锅，放红椒圈、蒜末、葱段爆香，注水，淋白醋。

4 放入白糖、番茄酱、水淀粉、鱼块炒片刻即可。

📝 做 法

① 洗净的大蒜切片；净黄
鱼切刀，放盐、生抽、
料酒抹匀。

② 腌渍15分钟，撒生粉，
炸至金黄色。

③ 锅底留油，放蒜片、姜
片、葱段爆香，加水、
盐、鸡粉、白糖。

④ 加生抽、蚝油、老抽、
黄鱼煮2分钟装盘。

⑤ 锅中淋水淀粉，调成浓
汤汁，浇在黄鱼上，放
香菜点缀即可。

烹饪时间
Time
5分30秒

蒜烧黄鱼

◉难易度：★★☆ ◉功效：降低血压

🍳 原 料

黄鱼400克，大蒜35克，姜
片、葱段、香菜各少许

🍳 调 料

盐、白糖各3克，鸡粉2克，
生抽、料酒各8毫升，生粉35
克，蚝油7克，老抽2毫升，
水淀粉4毫升，食用油适量

🍲 烹饪小提示

黄鱼不宜经常翻动，可以用勺子舀汤汁淋在鱼上，使黄鱼均
匀入味。

☑ **做 法**

❶ 泥鳅加入盐、水去除黏液；洗净的莴笋、彩椒切条。

❷ 泥鳅去头、内脏，炸2分钟。

❸ 锅注油烧热，倒入泥鳅、料酒炒香，注水。

❹ 加入盐、鸡粉、老抽、生抽拌匀，倒入莴笋、彩椒拌匀。

❺ 小火煮10分钟，用水淀粉勾芡即可。

⏱ **烹饪时间**
Time
15分钟

莴笋烧泥鳅

●难易度：★★☆ ●功效：安神助眠

🐷 **原 料**
泥鳅160克，莴笋65克，彩椒20克

🥄 **调 料**
盐、鸡粉各2克，水淀粉、料酒、生抽、老抽各少许，食用油适量

🍳 **烹饪小提示**

炒莴笋时不宜放入太多的盐，以免整道菜的味道过咸，导致口感不佳。

蒜苗炒泥鳅

●难易度：★ ★ ☆ ●功效：降低血脂

🍲 原 料

泥鳅200克，蒜苗60克，红椒35克

🥘 调 料

盐3克，鸡粉3克，生粉50克，料酒8毫升，生抽4毫升，水淀粉、食用油各适量

烹饪时间
Time
1分钟

🍴 烹饪小提示

泥鳅土腥味较重，买回后放入清水中，加少许芝麻油，这样有利于泥鳅吐出脏东西。

✍ 做 法

❶ 洗好的蒜苗切成段；洗净的红椒切成圈。

❷ 泥鳅加料酒、生抽、盐、鸡粉、生粉抓匀，炸2分钟。

❸ 锅留油，放蒜苗、红椒、泥鳅、料酒翻炒一会儿。

❹ 加入生抽、盐、鸡粉、水淀粉翻炒均匀即可。

生蒸鳝鱼段

◎难易度：★☆☆ ◎功效：益智健脑

烹饪时间
Time
26分钟

🥘 原料

鳝鱼300克，红椒35克，姜片、蒜末、葱花各少许

🧂 调料

盐2克，料酒3毫升，鸡粉2克，生粉6克，胡椒粉、生抽、食用油各适量

🍲 烹饪小提示

鳝鱼宜现杀现烹，因为死后的鳝鱼体内的组氨酸会转变为有毒物质。

🔪 做 法

❶ 洗净的红椒切成粒；处理干净的鳝鱼去头，切成段。

❷ 鳝鱼放蒜末、姜片、红椒、盐、料酒、鸡粉、胡椒粉、生抽拌匀。

❸ 放入生粉、食用油拌匀，腌渍15分钟。

❹ 把鳝鱼用中火蒸10分钟，浇上少许热油，撒上葱花即可。

竹笋炒鳝段

◎难易度：★★☆ ◎功效：降压降糖

原 料

鳝鱼肉130克，竹笋150克，青椒、红椒各30克，姜片、蒜末、葱段各少许

调 料

盐3克，鸡粉2克，料酒5毫升，水淀粉、食用油各适量

做 法

1.洗净的鳝鱼肉、竹笋切片；洗净的青椒，红椒均切块。2.鳝鱼加入盐、鸡粉、料酒、水淀粉拌匀，腌渍约10分钟。3.锅注水烧开，加入盐、竹笋煮约1分钟，捞出，倒入鳝鱼氽煮片刻，捞出。4.用油起锅，放姜片、蒜末、葱段爆香，倒入青椒、红椒、竹笋、鳝鱼、料酒、鸡粉、盐、水淀粉炒匀即成。

洋葱炒鳝鱼

◎难易度：★★☆ ◎功效：降低血压

原 料

鳝鱼200克，洋葱100克，彩椒55克，姜片、蒜末、葱段各少许

调 料

盐3克，料酒16毫升，生抽10毫升，水淀粉9毫升，芝麻油3毫升，鸡粉、食用油各适量

做 法

1.去皮洗净的洋葱、彩椒切成块；处理好的鳝鱼切块，加入盐、料酒、水淀粉腌渍10分钟。2.锅注水烧开，倒入鳝鱼搅匀，捞出。3.锅倒入油烧热，放入姜片、蒜末、葱段爆香，倒入彩椒、洋葱、鳝鱼、料酒、生抽、盐、鸡粉炒匀，倒入水淀粉、芝麻油炒出香味即可。

酱爆虾仁

◉难易度：★★☆　◉功效：保肝护肾

🌐 原 料

虾仁200克，青椒20克，姜片、葱段各少许

🔒 调 料

盐2克，白糖、胡椒粉各少许，料酒3毫升，蚝油20克，海鲜酱25克，水淀粉、食用油各适量

🍴 做 法

1. 将洗净的青椒切开，去籽，再切片。2. 虾仁加入少许盐，撒上适量胡椒粉快速拌匀，再腌渍约15分钟。3. 用油起锅，撒上姜片爆香，倒入虾仁炒至淡红色，放入青椒片、蚝油、海鲜酱炒匀，加入少许白糖、料酒炒匀。4. 倒入葱段，再用水淀粉勾芡，装入盘中即可。

蒜香大虾

◉难易度：★☆☆　◉功效：降低血脂

🌐 原 料

基围虾230克，红椒30克，蒜末、葱花各少许

🔒 调 料

盐2克，鸡粉2克

🍴 做 法

1. 用剪刀剪去基围虾头须和虾脚，将虾背切开；洗好的红椒切成丝。2. 锅注油烧热，放入基围虾炸至深红色，捞出。3. 锅底留油，放入蒜末炒香，倒入基围虾、红椒丝翻炒匀，加入少许盐、鸡粉炒匀调味。4. 放入葱花翻炒匀，装入盘中即可。

干焖大虾

●难易度：★☆☆ ●功效：增强免疫力

烹饪时间
Time
1分30秒

○ **烹饪小提示**

炸过的虾炒制时间不宜过长，否则虾肉的口感就会变差。

○ **原 料**

基围虾180克，洋葱丝50克，姜片、蒜末、葱花各少许

○ **调 料**

料酒10毫升，番茄酱20克，白糖2克，盐、食用油各适量

做 法

❶ 将洗净的基围虾去掉头须和虾脚，再将腹部切开。

❷ 锅注油烧热，放入基围虾，炸至深红色，捞出。

❸ 锅底留油，放入蒜末、姜片、洋葱丝爆香，倒入基围虾、料酒。

❹ 加水、盐、白糖、番茄酱炒匀调味，装盘，撒上葱花即可。

美味酱爆蟹

◉难易度：★★☆ ◉功效：增强免疫力

烹饪时间
Time
4分钟

◉ 原 料
螃蟹600克，干辣椒5克，葱段、姜片各少许

◉ 调 料
黄豆酱15克，料酒8毫升，白糖2克，盐、食用油各适量

◎ 烹饪小提示
烹制螃蟹前，一定要用刷子将蟹壳刷干净，以免蟹壳上残留杂质。

✐ 做 法

❶ 将处理干净的螃蟹剥开壳，去除蟹腮，切成块。

❷ 锅注油烧热，倒入姜片、黄豆酱、干辣椒爆香。

❸ 倒入螃蟹、料酒、水、盐炒匀，大火焖3分钟。

❹ 倒入葱段炒匀，加入白糖持续翻炒片刻，装入盘中。

做 法

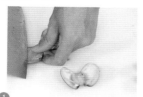

1 洗净的蛤蜊去除内脏，洗净；洗好的丝瓜、彩椒切块。

2 锅注水烧开，放入洗净的蛤蜊，煮约半分钟，捞出。

3 用油起锅，放姜片、蒜末、葱段爆香，倒入彩椒、丝瓜炒软。

4 放入蛤蜊、料酒、豆瓣酱、鸡粉、盐炒匀调味。

5 注入少许水，淋入生抽略煮，倒入少许水淀粉勾芡即成。

丝瓜炒蛤蜊

◎难易度：★★☆ ◎功效：降低血脂

烹饪时间
Time
2分30秒

🥕 原 料

蛤蜊170克，丝瓜90克，彩椒40克，姜片、蒜末、葱段各少许

🍶 调 料

豆瓣酱15克，盐、鸡粉各2克，生抽2毫升，料酒4毫升，水淀粉、食用油各适量

🍳 烹饪小提示

蛤蜊汆好后用适量的凉开水清洗几次，能有效地去除蛤蜊中的杂质。

姜葱生蚝

◎难易度：★★☆ ◎功效：降压降糖

烹饪时间
Time
1分30秒

原 料

生蚝肉180克，彩椒片、红椒片各35克，姜片30克，蒜末、葱段各少许

调 料

盐3克，鸡粉2克，白糖3克，生粉10克，老抽2毫升，料酒4毫升，生抽5毫升，水淀粉、食用油各适量

做 法

1.锅注水烧开，放入生蚝肉煮1分30秒，捞出，淋上生抽拌匀，滚上生粉腌渍至入味。
2.锅注油烧热，放入生蚝肉炸至其呈微黄色，捞出。3.锅底留油，放入姜片、蒜末、红椒、彩椒爆香，倒入生蚝肉、葱段、料酒、老抽、生抽、盐、鸡粉、白糖、水淀粉炒至食材熟透即成。

口味螺肉

◎难易度：★★☆ ◎功效：清热解毒

原 料

田螺肉300克，紫苏叶40克，干辣椒、八角、桂皮、姜片、蒜末、葱段各少许

调 料

盐、鸡粉各3克，生抽、料酒、豆瓣酱、辣椒酱、水淀粉、辣椒粉、食用油各适量

做 法

1.将洗净的紫苏叶切碎；锅注水烧开，放入洗净的田螺肉、料酒汆去杂质，捞出。
2.用油起锅，放入葱段、姜片、蒜末、干辣椒、八角、桂皮、紫苏叶炒香，倒入田螺肉、豆瓣酱、生抽、辣椒酱、料酒、清水、盐、鸡粉炒匀调味。3.放入辣椒粉炒匀，加入适量水淀粉炒匀即可。

烹饪时间
Time
5分钟

姜葱炒蛏子

●难易度：★ ☆ ☆ ●功效：开胃消食

🍲 原 料

蛏子300克，姜片、葱段各少许，彩椒丝适量

🧂 调 料

盐2克，鸡粉2克，料酒8毫升，生抽4毫升，水淀粉5毫升，食用油适量

烹饪时间
Time
2分钟

◉ 烹饪小提示

蛏子的沙线要去除，否则会影响这道菜肴的口感。

🍴 做 法

❶ 锅中注水烧开，倒入处理好的蛏子，略煮一会儿，捞出。

❷ 去除蛏子壳，挑去沙线，备用。

❸ 锅注油，倒入姜片、葱段、彩椒丝爆香，倒入蛏子肉、盐、鸡粉。

❹ 淋入生抽、料酒、水淀粉翻炒片刻，至食材入味即可。

山药甲鱼汤

●难易度：★ ☆ ☆　●功效：降低血脂

🍲 原　料

甲鱼块700克，山药130克，姜片45克，枸杞20克

🍶 调　料

料酒20毫升，盐2克，鸡粉2克

🍵 烹饪小提示

炖煮此汤时宜用小火慢炖，这样才能更好地析出甲鱼的营养。

🔪 做　法

① 将洗净去皮的山药切成片。

② 锅注水烧开，倒入甲鱼块、料酒，汆去血水，捞出。

③ 砂锅注水烧开，放枸杞、姜片、甲鱼、料酒小火炖20分钟。

④ 放山药，小火再炖10分钟，放入盐、鸡粉拌匀调味即可。